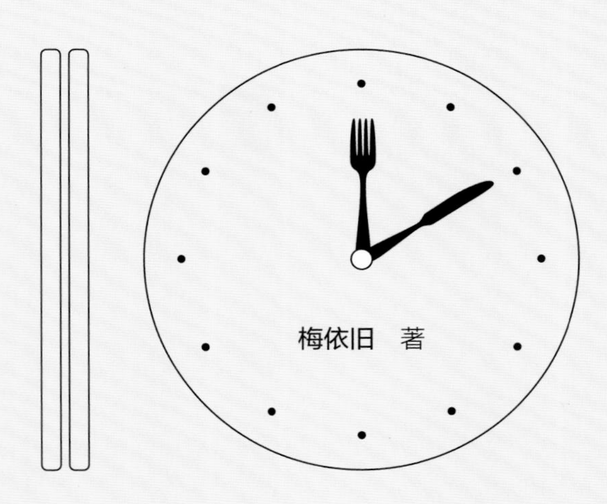

10分钟

U0242161

中国轻工业出版社

目录
Contents

第一章 快手营养早餐大揭秘

第二章 中式快手营养早餐（67 款）

百变营养的美味米饭（20 款）

简易美味的营养小点（ 9 款）

爽口百搭的佐餐小菜（10 款）

第三章 西式速成元气早餐（34 款）

蔬果汁的瘦身之旅（10 款）

一个面包的随意搭配（10 款）

第四章 早餐套餐私人订制（14 款）

第一章

快手营养

早餐大揭秘

01 快手营养早餐省时的秘诀

省时秘诀 1

提前准备

想要早餐能快速上桌，最重要的就是把备料工作移到前一个晚上完成。

面食类、腌制类等可以提前一晚准备妥当，比如包子、饺子、馄饨类，其实饺子、馄饨类真的是最快手的，包好冷冻保存，早晨可直接下锅。

葱油、肉酱、拌饭酱等，熬好装密封瓶，冷藏可以保存 1~2 周。早起煮点面条，加葱油或酱料拌匀即可。

需要加工的蔬果，可先洗好切好，放进保鲜盒，方便早晨烹饪。

省时秘诀 2

合理计划

想要节省时间，合理安排制作顺序最重要。提前一天想好第二天早上要吃什么，把能准备的准备了，并且规划一个顺序。

可以同时处理几种食材，在处理制作一种食材时，可利用空当时间加工另一种或几种食材。

省时秘诀 3

营养均衡

早餐为讲求快速营养，不需要花太多功夫准备多样食材，只要把握好一份早餐中包含富含蛋白质的蛋奶肉、富含维生素的蔬果、富含碳水化合物的主食三类就可以。

像煎蛋饼，可以一次把面粉、蔬菜、鸡蛋全部搅拌在一起煎熟，准备起来很轻松，也能均衡摄取各种营养。

省时秘诀 4

半成品

现在市面上很多高纤五谷粉、燕麦片、坚果干、自制酸奶等，还有吐司、鲜奶等，平时家里备点燕麦片、春饼皮、墨西哥饼皮、火腿、奶酪丝等常用的早餐材料，这些都是快速料理早餐的好食材，再准备一些水果。

特别是即时燕麦片很方便，加入牛奶或豆浆稍微煮一下，并放上坚果、果干或香蕉，就是营养满满的燕麦粥。

省时秘诀 5

早餐神器

各种锅具是准备快速早餐的最佳帮手，电饭锅、电炖锅、破壁机、豆浆机等的预约功能，必须用起来。

早上想来一碗热腾腾的粥或饭，只要前一晚将洗好的米、杂豆和水加入其中，预约时间就可以了。

再做个煎蛋或蛋饼，或将火腿、玉米、奶酪平铺在吐司片上，送进烤箱，几分钟简单吐司就完成了。

02 快手营养早餐食材选择

早餐的选择可以是丰富多样的，一顿精彩早餐的三大要素：主食、肉蛋奶、蔬果。

食材种类

主食 中式有馒头、包子、米饭、饼、粥等，西式有甜面包、吐司、欧包、意面等。

肉蛋奶 牛奶、酸奶、豆制品、鸡蛋、虾仁、瘦肉、火腿、酱牛肉、北极虾、鱼罐头等。

蔬果 蔬果可提供丰富的维生素、矿物质和膳食纤维。蔬菜有西葫芦、芹菜、黄瓜、甜椒、玉米粒、胡萝卜、青豆、香菇、红薯、水发海带、菠菜、西蓝花、番茄、洋葱、生菜等。水果至少得有一样，最好选择应季水果。

有条件的也可以再来一把坚果（去壳 10～15 克），补充优质脂肪酸和维生素 E。

03 快手营养早餐必备的厨房神器

电饭煲

尤其是那种有预约功能的电饭煲，对于上班族而言，早上起来就能吃到暖暖的一碗米粥、杂粮饭，是再幸福不过的事情了。

电饼铛

早上，只需要一台电饼铛，蛋饼、春饼、葱油薄饼、千层饼、煎饺等，可以灵活进行烤、烙、煎。家里没有烤箱？没关系，照样可以做出美味的烤翅、烤肉、烤鱼等，无一不通。最重要的是，哪怕你是十指不沾阳春水的厨痴，也能借助它做出极致美味。

破壁料理机

破壁料理机集合了榨汁机、豆浆机、冰激凌机、料理机、研磨机等功能，完全达到一机多用。如果用破壁料理机做豆浆、米糊、杂粮粥等，我一般不用它的加热方式，而是用搅拌功能，打好浆、糊后，倒入锅中直接煮熟，几分钟就完成了。

有预约功能的可以用起来，还是非常方便的。

平底不粘锅

每个厨房都少不了一只不粘平底锅，平时随手拿来烙饼、煎蛋、煎饺。偷懒时还可以直接用它先煎后炒。

多功能料理锅

一锅多盘，做不同食物的时候换一下盘就可以了。

六圆点心盘：煎蛋、松饼、鸡蛋、三明治、小比萨。你的早餐有它更迅速、更健康。

平盘：烤肉、烤串、煎牛排、炒海鲜饭等，分分钟搞定。

深盘：做汤，吃火锅也可以，来个四川串串也没问题。

微波炉

加热是微波炉最基本的功能，比萨等在微波炉里面待 1 分钟，出来就变成一顿速成早餐。

做各种蛋羹，高火微波 3~5 分钟，比蒸锅省时省力。

多士炉

也叫自动面包片烤炉、面包烘烤器，它是一种专门用于将切片面包重新烘烤的电热炊具。

用超市买来的袋装吐司作为原料，就可以在上班日早晨吃到热热的、酥脆的面包。

电炖锅

早上喜欢喝粥的小伙伴，非常推荐这种可以定时的电炖锅。可以煮皮蛋瘦肉粥、咸菜粥、八宝粥等。一起床就能闻到粥的香味，一碗热腾腾的粥让冬天的早上更温暖。

即热净饮机

推荐一款莱卡净饮机，自来水滤出直饮矿物质水，即热、直饮两用，不但能够去除自来水中的水垢以及重金属、有机污染物，而且 4 秒即可出热水，水温有多挡可调节，操作简单。不论是冲泡茶饮、咖啡，还是烹饪加水，都非常方便快捷，健康水不用等。

注：本书多处用到直饮矿物质水。如果家里没有净饮机，矿物质水可换为清水或纯净水。

04 早餐必不可少的常见酱料

中餐酱料

辣椒酱

辣椒酱的品种繁多，以辣椒为主要原料，然后加入各种配料制作而成。随吃随取，可以拌凉菜、拌面条、卷饼，也可以作为炒菜作料。

拌饭酱

拌饭酱是用多种干货比如牛肉、香菇、干贝、火腿、海米等配料，再搭配辣椒、蚝油等调配成的酱料。适合拌饭、拌面、佐餐及蒸、炒、焖等各种创意吃法。

黄豆酱

又称大豆酱、豆酱，用黄豆炒熟磨碎后发酵而成，是传统的发酵调味品。黄豆酱有浓郁的酱香，鲜甜适口，可用于烹饪各种菜肴，也是制作炸酱面的配料之一。

果　酱

果酱是把水果、糖及酸度调节剂混合后，用超过 100℃的温度熬制而成的凝胶物质。主要用来涂抹面包或吐司，或制作各种甜点。

花生酱

花生酱以花生米为主，添加其他配料制作而成，有浓郁炒花生香味。花生酱分为甜、咸两种，主要用作抹面包、馒头或者拌面条、拌凉菜等，也可作为甜品的馅心配料。

西餐酱料

沙拉酱

目前市面上最常见的沙拉酱主要有：香甜味沙拉酱、蛋黄沙拉酱（蛋黄酱）和千岛酱。

沙拉酱是一种统称，分类有很多，不仅包括常见的蛋黄沙拉酱，还有蔬菜沙拉酱、水果沙拉酱及肉类沙拉酱。

香甜味沙拉酱，是用鸡蛋、白糖和油制作而成，口味香甜，主要用于制作各种蔬菜、水果沙拉，涂抹面包、馒头，蘸食各类油炸食品。

蛋黄沙拉酱，又称蛋黄酱。由于富含蛋黄，营养价值高，热量也是沙拉酱中最高的。它的口味比较重，适合搭配三明治、汉堡，也适合和其他沙拉酱搭配使用。

千岛酱，是沙拉酱和番茄酱的调和品。由于添加了番茄酱，所以味道也比普通沙拉酱口感丰富一些，适宜拌蔬菜沙拉、肉类沙拉、海鲜沙拉。

相较而言，千岛酱的热量要比香甜味沙拉酱稍微低一点。特别提示一下，蛋黄沙拉酱比千岛酱的热量要高出几乎一倍。

自制沙拉酱汁

油醋汁

油醋汁一般都由油和醋构成，多用橄榄油和白葡萄酒醋、红葡萄酒醋、黑醋调制，油醋比是 3：1，会加入盐、胡椒、黄芥末、辣椒等调味，可用于烹调蔬菜、豆类、水果、坚果等几乎所有食材。

凯撒酱

凯撒酱是一种以蛋黄酱作底，加入柠檬汁、帕玛森干酪、黑胡椒、大蒜、伍斯特郡酱汁混合而成的意式风情沙拉酱。

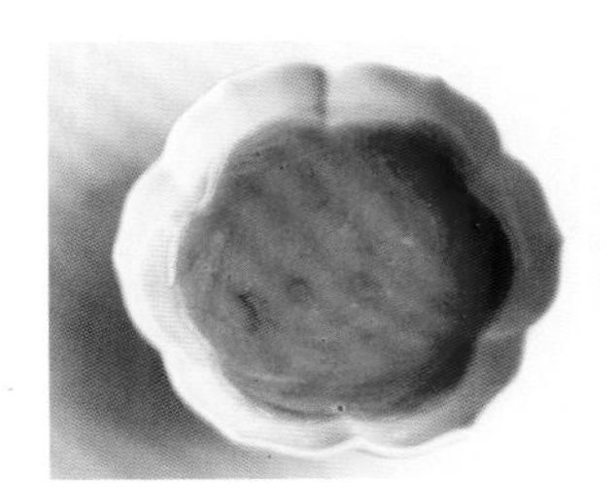

酸奶酱

酸奶酱是以原味酸奶或希腊酸奶为基础，加入香草、芥末、柠檬汁等风味制成的沙拉酱，质地不稠也不稀，不但口味清爽易接受，包裹尚佳，还不用担心摄入过多脂肪，因此一直很受欢迎。

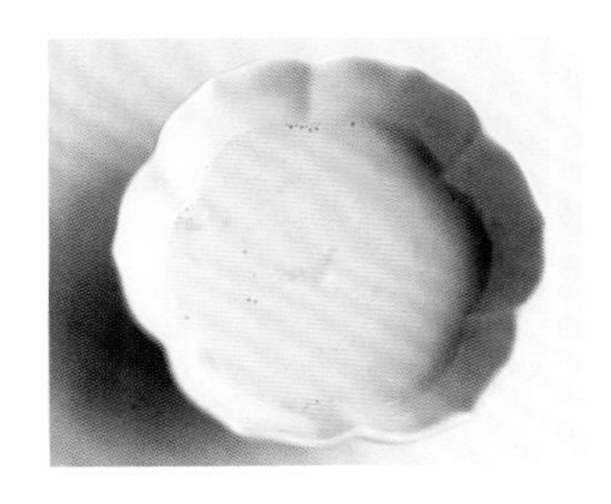

蜂蜜芥末酱

传统做法是两份蜂蜜，一份蛋黄酱，再加一份传统法式第戎芥末酱（或者其他芥末酱），有些私厨还会放入切碎的大蒜、罗勒、莳萝、迷迭香、辣椒片，赋予蜂蜜芥末酱多种多样的风味。

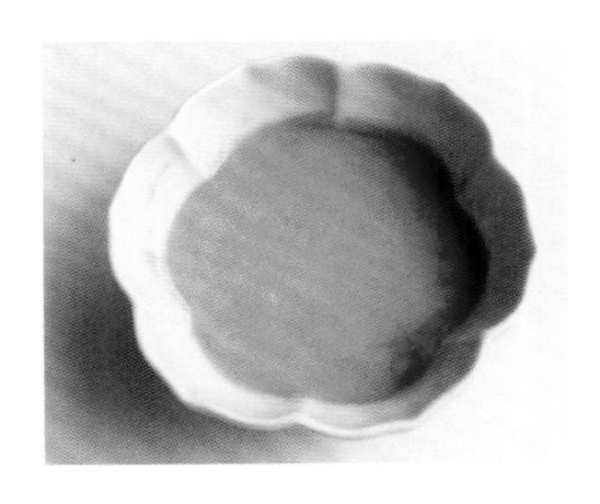

番茄沙司、番茄酱、比萨酱

番茄酱

番茄酱是鲜番茄的酱状浓缩制品，一种富有特色的调味品，一般不直接入口，只作为食物的烹饪作料，是增色、添酸、助鲜、郁香的调味佳品。

番茄酱由纯番茄制成，番茄酱的番茄红素含量大大高于番茄沙司。

番茄沙司

番茄沙司是番茄酱加糖、醋、盐，在色拉油里炒熟调制出的一种酸甜汁。番茄沙司可以直接食用，如吃薯条时蘸番茄沙司。西餐中主要用于佐餐炸猪排、炸鸡排等，还有部分凉菜会放番茄沙司。

番茄沙司也就是番茄酱调味之后做成的。

比萨酱

比萨酱，是以番茄为主，添加洋葱、蒜头、番茄酱、香草碎、黑胡椒粉等制成的酱料。比萨酱比纯番茄酱有更浓的香味，口感上更有层次感。如果在制作比萨时，食材中也添有洋葱等芳香材料，那么用番茄酱代替比萨酱是完全可以的。

第二章

中式快手营养早餐

67款

开启食欲的
汤粥米糊
10款

芹菜虾仁粥

食材

大米 60 克，虾仁 100 克，嫩芹菜 150 克。

营养 Tips

虾仁含有丰富的蛋白质和钙，芹菜中含有维生素和膳食纤维。充满平淡素雅的味道。

做法

1 大米用清水洗净，控干水分，放入电饭煲中，加入 1500 克开水。

2 按预约键，设定好预约时间。

3 虾仁洗净后去虾线；芹菜洗净、切末。

4 早晨打开电饭煲，放入虾仁、芹菜末，按下煮饭键，再煮 2 分钟即可。

画重点

1 利用电饭煲的预约功能，把粥煮好，再放入虾仁、芹菜煮 2 分钟即可。

2 不用调味可突出其清香的口感，也可调入盐做成咸味粥。

皮蛋瘦肉粥

食材

大米 80 克，皮蛋 1 个，猪瘦肉 50 克。

调料

香葱末 10 克，姜丝 15 克，盐 2 克，香油 5 克。

营养 Tips

皮蛋瘦肉粥，以皮蛋及瘦肉为原料煮成粥，又被称为“下火粥”，能增进食欲，促进营养的消化吸收，中和胃酸、清热去火。

1 利用电饭煲的预约功能，把白粥煮好，再放入皮蛋丁、肉丝煮 3 分钟即可。

2 皮蛋不要用溏心的那种，会令粥的颜色发黑，如果是溏心的，提前把皮蛋煮 5 分钟。

3 肉丝用姜丝和香油腌制一会儿，去腥效果特棒。

做法

1 大米用清水洗净，控干水分，放入电饭煲中，加入 2000 克开水。

2 按预约键，设定好预约时间。

3 猪瘦肉洗净切丝，加入姜丝、盐抓匀，再加香油抓匀腌制一会儿。

4 皮蛋去壳，切丁备用。

5 早晨打开电饭煲，放入皮蛋丁、肉丝，按下煮饭键，再煮 3 分钟。

6 出锅撒香葱末即可。

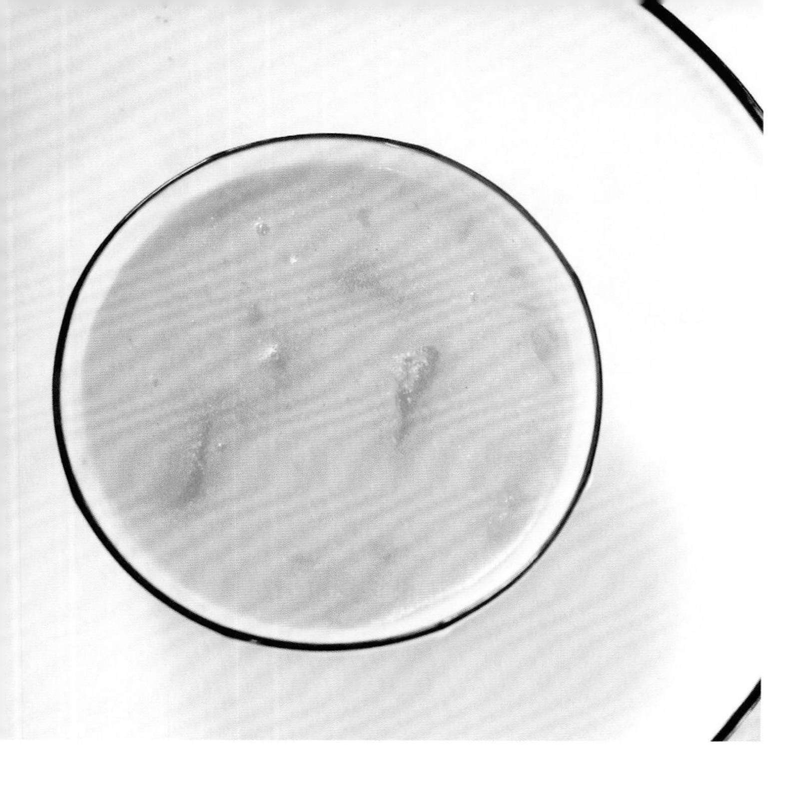

小米面南瓜粥

食材

小米面 60 克，南瓜 300 克。

营养 Tips

小米面由小米精加工制作而成，对老人、病人以及产妇来说，小米面更容易被人体消化吸收。

做法

1 南瓜去皮、切片，放入砂锅中，煮开。

2 小米面加直饮矿物质水调成稀浆，越稀越好。

小米面比小米易熟，小米面加直饮矿物质水调成稀浆，越稀越好，是避免下锅后形成面疙瘩。

3 将小米面浆倒入砂锅中，边倒边搅拌。

4 大火煮开，转小火。

5 焖煮 5 分钟即可。

山药黑芝麻糊

食材

山药 100 克，熟黑芝麻 30 克，糯米 50 克，牛奶 200 克。

调料

冰糖适量。

做法

1. 糯米洗净；山药去皮，切丁。
2. 将所有食材放入料理机中，加纯净水打成糊。
3. 将米糊倒入锅中煮熟，调入牛奶略煮即可出锅。

牛奶燕麦粥

食材

即食燕麦片 40 克，牛奶 200 克，樱桃 80 克。

调料

白糖 30 克。

做法

1. 樱桃洗净，去核，加白糖腌 5 分钟。
2. 将燕麦片放入锅中，倒入 300 克水，边煮边搅拌。
3. 煮开后，加入牛奶、樱桃放入粥中，再煮至微开，关火。

花生酪

食材

红皮花生50克，糯米20克。

营养Tips

花生酪是非常传统的小吃，口感细腻稠滑，营养丰富。花生可以扶正补虚、润肺化痰。糯米为温补强壮食物，具有补中益气、健脾养胃的功效。

做法

1 提前将红皮花生和糯米浸泡3小时以上。

2 将泡好的花生和糯米放入破壁机的料理杯中，加250毫升矿物质水打成浆。

3 用筛网将浆中的渣过滤出来。

4 过滤好的浆放入小锅中，小火加热，边加热边搅拌，否则会结块，一直加热至冒泡即可关火。

画重点

1 禁止用豆浆机、破壁机的加热功能来做，无法过滤，会结块。高端破壁机打出的浆无渣，可不用过滤。

2 过滤的渣加面粉和一点盐拌匀，放平底锅用小火烙成小薄饼也不错。

3 带皮的花生打出来多少会有点土腥味，可以泡透去皮，这样就没异味，但连皮一起打营养更好。

三黑米浆

食材

黑花生 20 克，黑豆 40 克，黑米 30 克。

调料

蜂蜜或红糖适量。

做法

1. 黑花生、黑豆、黑米洗净。
2. 放入料理杯中，加入矿物质水打成浆。
3. 将豆浆倒入锅中，煮熟即可。也可调入蜂蜜或红糖。

枸杞豆浆

食材

黄豆 40 克，枸杞子 10 克。

调料

冰糖适量。

做法

1. 黄豆、枸杞子洗净。
2. 放入破壁机的料理杯中，加入矿物质水，打成豆浆。
3. 将豆浆倒入锅中，煮熟，调入冰糖。

豆腐脑

食材

内酯豆腐1盒，干木耳5克，干黄花菜 10 克，鲜香菇2朵。

调料

大料 1 个，盐 2 克，生抽 10 克，水淀粉 15克，香油适量。

营养 Tips

豆腐脑清热降火，鲜嫩香滑，简单的食材，简单的做法。豆腐含有丰富的优质蛋白质，素有“植物肉”之称。

1 干木耳、干黄花菜可提前一天泡好。

2 内酯豆腐可以不用切片，直接用平铲片入锅中。

3 大料不可少，煮出来很有味道。

做法

1 干木耳、干黄花菜泡开，去杂，切段。

2 香菇洗净，切片。

3 内酯豆腐从盒中取出，切片。

4 锅中放油，烧热后放入大料炸香，下香菇、木耳、黄花菜炒软。

5 调入生抽、盐，加适量清水，放入豆腐，再煮3分钟。

6 倒入水淀粉，煮开关火，淋香油即可。

番茄鲜贝疙瘩汤

食材

面粉 100 克，番茄、鸡蛋各 2 个，鲜贝 50 克。

调料

葱末、姜末各 10 克，盐 2 克，香菜段、香油各适量。

营养 Tips

番茄鲜贝疙瘩汤，我叫它懒人美食，因为锅中可有鸡蛋、香菇、鸡肉、虾仁、鱿鱼、贝肉等多种配料，早餐吃它，营养非常丰富。

搅面疙瘩时，水要轻洒，快速搅拌，才能成疙瘩状，否则就成面团了。

做法

1 番茄洗净去皮，切丁；鸡蛋打散。

2 取 200 毫升的直饮矿物质水。

3 面粉放入碗里，加少许盐混合均匀，一手淋水一手用筷子搅，将面粉搅出很多的面疙瘩。

4 锅中烧热油，爆香葱末、姜末，放入番茄炒软，倒入足量的水，放入鲜贝烧开。

5 锅中汤沸后，将面疙瘩倒入，快速搅散，大火烧开后转中火煮 2 分钟。

6 鸡蛋液淋入锅中，大火再烧开即可关火，调入香油。

7 撒入香菜段即可出锅。

速速上桌的
花样面食
18款

馒头夹夹

食材

馒头 1 个，火腿片、奶酪片各 4 片，鸡蛋 2 个。

调料

盐适量。

营养 Tips

馒头夹夹配上一杯牛奶和适量水果，可以说是非常好的早餐选择。馒头有利于消化吸收，特别适合老人和孩子食用。

馒头最好使用剩馒头，剩馒头硬，容易切片。

做法

1 馒头切夹刀片。

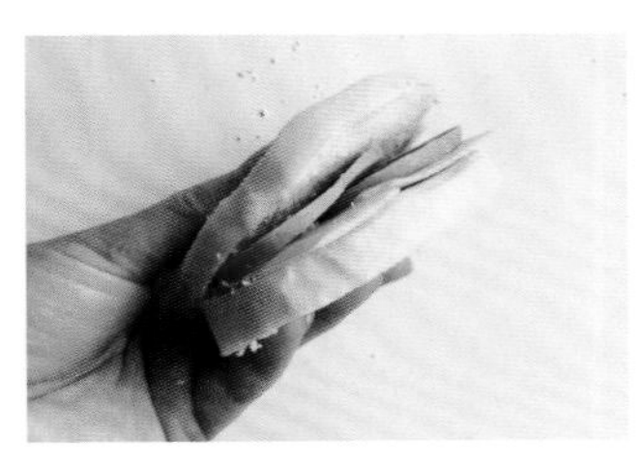

2 奶酪片、火腿片夹入馒头中。

3 鸡蛋加入适量盐打散，馒头夹浸泡在打散的鸡蛋液内。

4 平底锅内加入适量油，放入裹满蛋液的馒头片，小火煎至两面金黄即可。

花式馒头比萨

食材

馒头 1 个，火腿、胡萝卜、紫胡萝卜、青椒各 20 克，鸡蛋 2 个。

调料

盐 2 克。

营养 Tips

一个馒头，两个鸡蛋，一个平底锅就够了，剩馒头秒变中式比萨，添加了蔬菜和火腿，营养更丰富，而且做法简单，味道也不错。

做法

1 馒头、火腿切丁；紫胡萝卜、胡萝卜、青椒洗净，切丁。

2 鸡蛋加少许盐搅拌均匀。

要凉馒头，不要刚蒸出来的。

3 将馒头丁入锅小火煎至金黄色。

4 倒入紫胡萝卜丁、胡萝卜丁、青椒丁、火腿丁煸炒均匀。

5 将蛋液均匀淋入锅内，小火煎至蛋液凝固即可。

孜然炒馒头丁

食材

馒头、青椒各 1 个，鸡蛋 2 个，火腿 50 克。

调料

孜然粉 5 克，孜然粒、香葱末各 10 克，盐 2 克。

营养 Tips

很多人觉得吃馒头很单调，孜然炒馒头丁搭配了鸡蛋和新鲜蔬菜，早餐有了这么一盘，再来一碗清粥和小菜，就是非常营养的一餐，还解决了剩馒头，一举两得。

画重点

1 鸡蛋一定要打散，否则馒头丁裹不均匀。

2 馒头丁要煎至金黄色，可用小火慢煎。

做法

1 馒头、火腿分别切丁；青椒洗净，切丁。

2 鸡蛋打成蛋液，加少量盐和孜然粉搅拌均匀。

3 馒头丁放入蛋液中裹匀。

4 锅内加少量油，放入孜然粒炒香，放入馒头丁煎至金色。

5 锅内放入青椒丁、火腿丁炒匀，撒香葱末出锅。

杂粮煎饼

食材

面粉 60 克，小米面 30 克，绿豆面 20 克，鸡蛋 2 个，黑芝麻 10 克。

调料

香葱末 20 克，甜面酱或辣酱适量。

营养 Tips

杂粮煎饼，其实是北方煎饼果子的面皮，煎饼果子的面皮起源于山东大煎饼。这个配方是正宗的山东杂粮煎饼的配方，在此基础上，可加油条、薄脆、火腿肠、蔬菜等，做法并不复杂，当早餐方便快捷。

画重点

1 做煎饼的面粉，可以选用绿豆粉和面粉二合一，也可以只用面粉，但成品口感会稍黏。绿豆粉太多，因筋力不够，皮儿容易破，所以绿豆粉的量是面粉的 1/3，口感最佳。

2 为了增加营养，里面加了小米面，面糊中加了鸡蛋，如果不加蛋，筋力不够，不好操作，口感也糙。

做法

1 取直饮矿物质水 50 毫升。

2 面粉、小米面、绿豆面和其中一个鸡蛋放入碗中，加水调成稀面糊，面糊的状态成滴落状。

3 锅底抹点油（这里用的是电饼铛），舀适量面糊倒入锅中，开小火，用勺底把面糊抹平。再打入另一个鸡蛋，抹平。

4 撒上黑芝麻和香葱末。

5 略煎一下翻面，抹上甜面酱或辣酱。（如果有油条、火腿肠、生菜等都可以放上）

6 卷起来即可。

火腿蔬菜卷饼

食材

面粉 100 克，鸡蛋 2 个，生菜 3 片，火腿片 4 片。

调料

盐 1 克，香葱末 10 克，辣椒酱适量。

营养 Tips

火腿蔬菜卷饼是很经典的早餐，香香嫩嫩的卷饼抹上浓郁的辣酱，再卷上翠翠的生菜，营养均衡。

1 饼皮中可以不加盐，酱料可选择自己喜欢的番茄酱、甜面酱、辣椒酱、肉酱等。

2 大约 1 分钟可烙 1 张饼，也可用平底锅，就不需要预热了，更省时，但注意要用小火。

做法

1 面粉、香葱末、盐一起放入碗中，打入鸡蛋，加直饮矿物质水搅拌成无粉状颗粒的稀面糊。

2 预热电饼铛后，涮一层薄薄的油，面糊倒入锅中，将面糊均匀摊成圆饼。

3 翻面，烙至两面金黄，出锅。

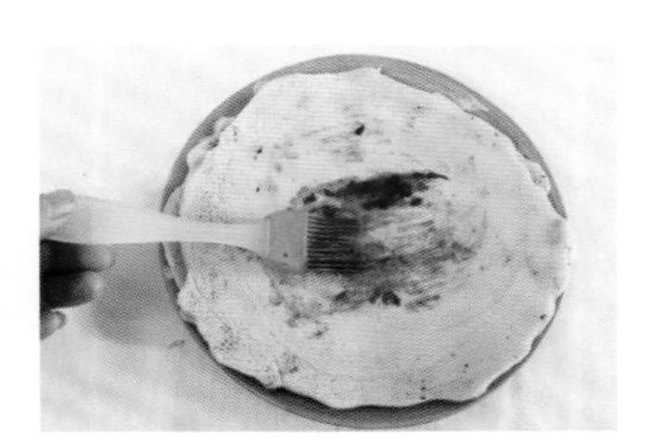

4 鸡蛋面朝下，抹上辣椒酱（也可以是自己喜欢的酱料）。

5 放上洗净的生菜叶和火腿片。

6 卷起即可。

萝卜丝酥饼

食材

青萝卜 300 克，鸡蛋 2 个，面粉 30 克。

调料

盐 2 克，香葱末 10 克，胡椒粉适量。

营养 Tips

萝卜具有消积滞、化痰清热、下气宽中、解毒的作用。常吃萝卜能促进新陈代谢、增进食欲、帮助消化。

做法

1 青萝卜洗净，擦成细丝，放入碗中，加入鸡蛋和香葱末。

2 再放入面粉、盐、胡椒粉，拌匀。

3 煎锅中放入适量油，倒入萝卜面糊摊匀，尽量摊薄一点，好熟。

4 小火煎至两面金黄即可。

画重点

1 面粉不要太多，起到黏合作用就行了，太多了饼煎出来会很硬。鸡蛋可以多点，口感比较酥脆。

2 最好用不粘锅，省时省力，还省油，更健康。

蔬菜鸡蛋饼

食材

面粉 50 克，鸡蛋 2 个，胡萝卜 20 克，红甜椒 25 克，油菜 1 棵。

调料

盐 2 克。

营养 Tips

蔬菜和鸡蛋搭配，补充蛋白质的同时，又能补充维生素，口感、营养都翻倍。

做法

1 胡萝卜、红甜椒、油菜洗净，切粒。

2 所有蔬菜放入大碗中，放入面粉、鸡蛋、盐，加水调成面糊，像老酸奶的稠度即可。

3 多用锅加热，刷适量油，倒入面糊。

4 饼会慢慢凝固定型，翻面，烙至两面金黄即可。

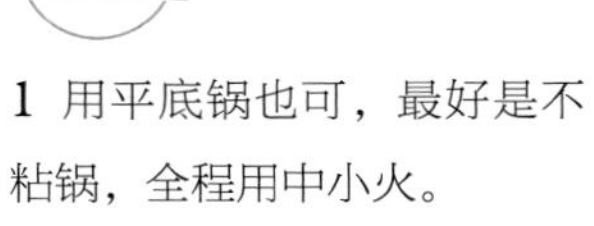

1 用平底锅也可，最好是不粘锅，全程用中小火。

2 喜欢什么蔬菜就放什么蔬菜，面粉也可换成一部分杂粮粉，更营养。

台式蛋饼

食材

面粉 100 克，淀粉 20 克，鸡蛋 2 个，培根 4 片。

调料

盐 3 克，香葱碎 10 克。

营养 Tips

台式蛋饼，软嫩面皮遇上金黄的鸡蛋，混合香葱和培根的香气，成就一道经典的台式早餐。这个蛋饼少了一点蔬菜，可以另搭配一碟小凉菜。

1 不同的面粉吸水量也不同，面糊的浓稠度可自行调节。

2 淀粉用的是玉米淀粉，其他淀粉也可以。

3 最好用不粘锅，既不粘锅底，又省油。

做法

1 面粉、淀粉混合，加入直饮矿物质水，用蛋抽搅拌均匀。

2 鸡蛋打散，加入香葱碎和盐搅拌均匀。

3 不粘锅烧热，放入培根，煎至边缘酥脆，盛出后切小丁。

4 不粘锅烧热后，倒少许油，倒入适当面糊，让面糊均匀平铺在锅面成圆面皮。

5 待凝固后翻面，加入适量蛋液，加一些培根丁，摊均匀。

6 蛋液凝固时翻面煎另一面。

7 煎好后再翻回来，蛋饼对折卷好，出锅后切小段。

香脆炒饼

食材

饼丝 400 克，四季豆 300 克，猪肉 100 克。

调料

葱末 10 克，生抽、料酒各 5 克，盐 2 克，甜面酱 10 克，淀粉 3 克。

营养 Tips

炒饼是主食的一种，多见于河北、北京一带。将熟饼切成细条或丝状，然后加蔬菜炒熟，也是有菜的主食。炒饼丝可荤可素，配菜多样化，真的是越家常，营养越丰富。

画重点

1 如果不想让炒饼口感太干，可在炒蔬菜时多加些水。

2 先将饼和菜分开炒，然后再放一起炒匀，更易掌握炒饼的干湿度，不易煳锅。

做法

1 四季豆、猪肉分别洗净、切丝。

2 肉丝调入料酒、生抽、淀粉，腌制片刻。

3 锅中放入少许油，倒入饼丝翻炒，炒至略呈金黄色，盛出。

4 锅中重新倒入油，待油七成热时，放入葱末爆香后倒入肉丝煸炒。

5 炒至肉丝变色，倒入四季豆丝翻炒 2 分钟后，倒入甜面酱、盐、一碗清水。

6 四季豆丝炒熟后，再放入饼丝炒匀即可出锅。

烤冷面

食材

片状冷面 2 张，洋葱 30 克，香菜、火腿肠各 2 根，鸡蛋 2 个，黄瓜 1 根。

调料

烧烤酱适量。

煎制冷面时全程要用小火，我用的是电饼铛，而且是在电饼铛的预热过程就做好了。冷面加热时间长了会有些发硬，要尽快完成，这个时候可以再在锅边周围洒一些清水，冷面就会变软，口感也更好。

做法

1 香菜和洋葱洗净，切段；黄瓜去皮，切条。

2 电饼铛预热 30 秒，不用太热，放油烧热，冷面放入锅里，打上鸡蛋，把鸡蛋液摊开，小火煎。

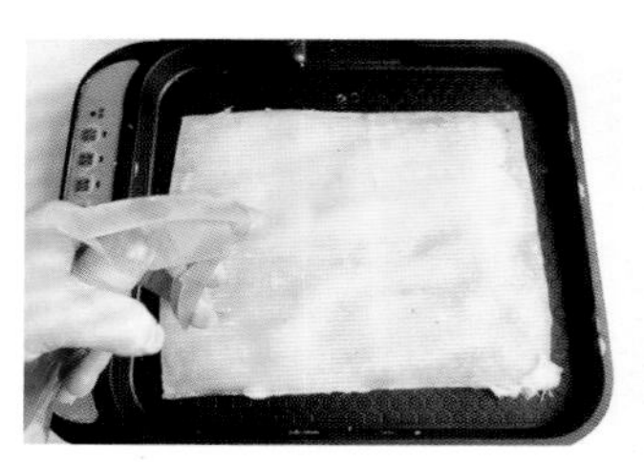

3 蛋液略微凝固后翻面，如果比较干，可在冷面上淋少许水，使冷面变软。

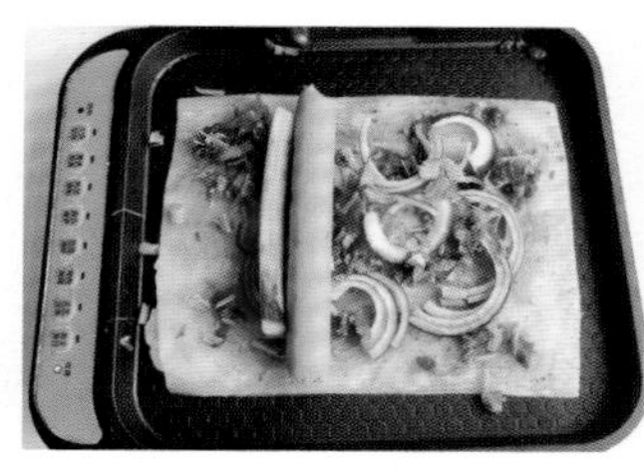

4 涮上烧烤酱，放上洋葱、香菜、黄瓜、火腿肠。

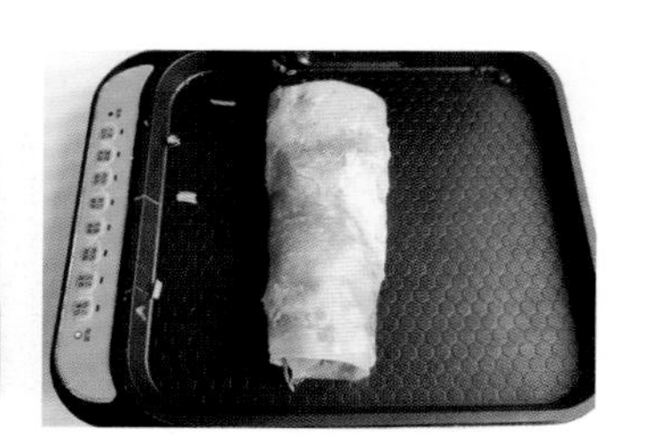

5 将冷面的一端向另一端卷起，将食材包裹在里面，出锅即可。

特色朝鲜冷面

食材

朝鲜冷面 200 克，黄瓜 1 根，鸡蛋 2 个，泡菜适量。

调料

大料 2 个，姜片、蒜片、醋各 15 克，生抽、白糖各 10 克，盐 3 克。

画重点

1 汤汁、鸡蛋都可以提前煮好。

2 汤汁是朝鲜冷面的灵魂，甜中带酸、酸中有咸，依自己的口味调味。夏天喜欢吃凉一些的冷面，可以把汤做好，提前放入冰箱中冷藏。

3 冷面煮好之后，在冷水之中反复冲洗几遍，然后倒入汤汁。

做法

1 先煮鸡蛋，煮 5 分钟关火，闷 1 分钟后捞出。

2 黄瓜切丝，泡菜切块。

3 锅中加清水，放入大料、姜片、蒜片，烧开后煮 3 分钟。依据自己喜欢的酸甜度调入醋、盐、生抽、白糖，煮开。

4 过滤掉调料，将汤汁倒入大碗中。

5 另取锅加水，水开后下冷面煮熟。捞出后过凉，放入碗内，加入汤汁、泡菜、黄瓜、鸡蛋即可食用。

老北京茄丁打卤面

食材

长茄子 2 根，猪肉 150 克。

调料

葱末、姜末、蒜末、生抽各 10 克，京式甜面酱 15 克，白糖、花椒各 3 克，盐适量。

营养 Tips

茄子含多种维生素、矿物质。其中含有的芦丁有改善微血管脆性的作用。

1 不要收汁太干，这是打卤面，得有汤汁，面才好吃。

2 生抽、甜面酱都有咸味，盐可酌情增减。

3 一边煮着面条，一边炒菜，可节省时间。

做法

1 茄子洗净，切小丁；猪肉洗净，切粒。

2 煮上面条。

3 锅内放油，下花椒炸香，捞出。放入肉粒煸炒至变色，加入葱末、姜末。

4 接着放入茄丁，倒入生抽、甜面酱、盐、白糖，翻炒均匀。

5 倒入没过茄丁的开水，煮至汤汁浓稠。

6 出锅时放入蒜末，这样蒜香味浓郁，不要一开始就放，那样蒜香就吃不出来了。

咖喱乌冬面

食材

乌冬面 250 克，香菇 2 朵，番茄 1 个，大虾 5 只。

调料

咖喱块 50 克，姜片、蒜末各 10 克，胡椒粉 3 克，盐适量。

营养 Tips

乌冬面是极具日本特色的面条，乌冬面富含碳水化合物，配上番茄、香菇等蔬菜和鲜虾，有养心益肾、增强免疫力、平衡营养等功效。

1 煮咖喱料的时候就可以煮面条了。乌冬面很好熟，汤料煮好了，乌冬面也可以出锅了。

2 乌冬面不要直接放入料锅里煮，因为乌冬面有一股酸味，一定要另起锅煮熟，否则会影响风味。

做法

1 番茄、香菇洗净，切片；大虾洗净，去虾线。

2 锅内加油烧热，下姜片、蒜末炒香，放入香菇、番茄炒软。

3 放入咖喱块，炒化。

4 加入清水，烧开。

5 放入大虾，煮至汤汁变略浓稠，期间用锅铲不时搅拌一下，调入盐、胡椒粉，关火出锅。

6 另一锅加水，加入乌冬面煮熟，捞入碗中，倒入煮好的咖喱料即可食用。

酱油炒面

食材

面条 400 克，鸡蛋 2 个，圆白菜 100 克，香菇 2 朵，红甜椒 1 个，洋葱半个。

调料

清酒、味啉各 10 克，日式酱油（或生抽）20 克，盐 2 克，白糖 5 克，烤肉酱适量。

营养 Tips

酱油炒面，食材相当简单，多种蔬菜与面条拌炒，让面条不再单一，营养更丰富。

1 蔬菜可以任意搭配，最好是水分不多的蔬菜，但是圆白菜是一定要有的。也可加入肉类，培根或者午餐肉都是不错的选择。

2 煮面条的时候准备蔬菜，可以省时。

3 面条上可以撒上海苔粉、柴鱼片，配上烤肉酱吃。

做法

1 先煮面，煮面的重点在于不要煮至全熟，后面还要炒。

2 圆白菜、甜椒、香菇、洋葱洗净，切丝。

3 清酒、味啉、日式酱油、盐、白糖调成料汁。

4 面条煮至八成熟时捞出，过凉水，沥干水分。

5 锅中放适量油，大火炒洋葱、香菇，炒出香味。

6 下入圆白菜、甜椒，炒至熟。

7 面条加入蔬菜中，倒入料汁。

8 炒至面条全熟，出锅。

9 煎好鸡蛋（蛋的熟度依自己喜好），放在炒好的面上，配上烤肉酱。

番茄肉酱拌面

食材

猪肉末、面条各 200 克，洋葱 1 个，番茄 2 个。

调料

盐 2 克，白糖 5 克。

营养 Tips

番茄肉酱拌面，将番茄和猪肉加调味料炒制成肉酱后，与煮熟的面条拌在一起，荤素搭配，非常开胃。

做法

1 锅中放水烧开，下面，面条煮熟后捞起。

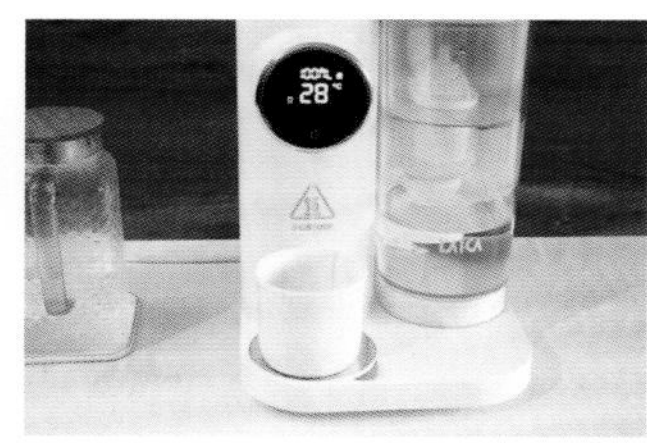

2 取 1000 毫升直饮矿物质水过凉。

画重点

1 没有番茄也可以用番茄酱代替，放鲜番茄是为了保证有新鲜的蔬菜。

2 煮好的面条必须过凉。

3 煮面的空当可以将洋葱切末，番茄切小块。

4 炒锅内放油烧热，放入洋葱末、肉末煸炒，炒至肉末变色。

5 放入番茄块炒至黏稠，调入盐、白糖出锅即可。将炒好的番茄肉酱舀在面上拌食即可。

快速韭菜盒子

食材

韭菜 300 克，面粉 100 克，鸡蛋 2 个。

调料

盐 2 克，十三香粉适量。

营养 Tips

韭菜是很多人都喜欢吃的蔬菜，韭菜看似平常，在民间被称为“洗肠草”。韭菜有散瘀、活血、解毒的功效，有助于降血脂。特别是春天的韭菜，是一年中最好吃的，而且还最嫩，营养价值也很高。

1 打入的鸡蛋要整个的，这样不容易出汤。

2 用平底锅煎时，一定要用小火。

做法

1 韭菜择洗净，控干水分，切碎后放入盐、食用油、十三香粉拌匀。

2 另取一碗，放入面粉，加入其中一个鸡蛋和水。

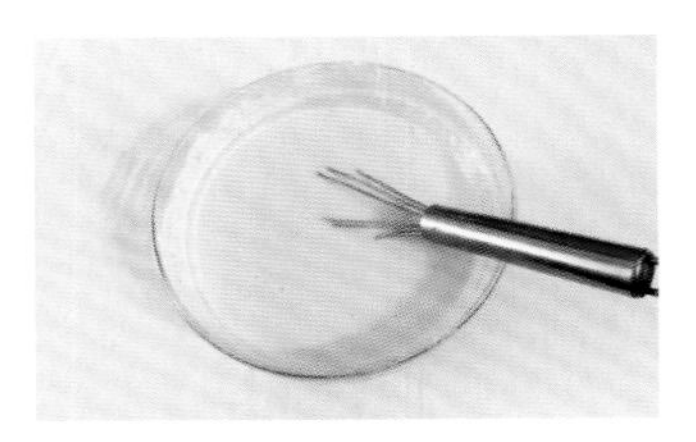

3 搅拌成稀面糊。

4 电饼铛预热，放入适量的油抹匀，在中间放入一大勺面糊，用木铲轻轻推开，待饼皮开始凝固，放韭菜铺平，打入另一个鸡蛋，不用打散，整个最好。

5 快速将另一侧的饼皮盖在韭菜馅上，边缘用木铲压紧，待饼皮粘好后，翻面煎，2 分钟左右即可出锅。

抱蛋煎饺

食材

饺子 14 个，鸡蛋 2 个。

调料

香葱末 10 克，盐 1 克。

营养 Tips

懒人快手抱蛋煎饺富含碳水化合物、蛋白质，再搭配一杯豆浆，或米粥，很幸福的早餐选择。

画重点

1 现包的饺子、速冻饺子都可以，剩饺子更快捷，速冻饺子不需要解冻，直接下锅即可。

2 周末有空的时候，自己动手包饺子，放冰箱冷冻，可随吃随取。

做法

1 碗中打入鸡蛋，加入盐，打散成蛋液。

2 锅中倒入少许油，将饺子码好，小火煎至饺子底部微黄，倒入没过锅底的清水。

3 盖上盖子，焖至水干。

4 倒入蛋液。

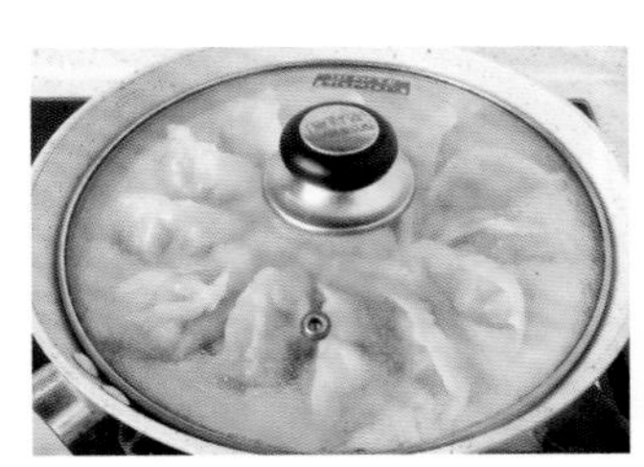

5 再次盖上盖子，焖至蛋液凝固，3 分钟左右即可。

6 出锅前撒上香葱末。

鲜虾馄饨

食材

瘦肉馅、净虾仁各 200 克，馄饨皮适量。

调料

盐2克，生抽、料酒各10克，葱末 15 克，香油适量。

营养 Tips

虾是蛋白质含量很高的食物，虾还是硒和镁的良好来源，能保护心血管。

做法

1 虾仁剁成泥，放入瘦肉馅中，调入盐、生抽、葱末、料酒、香油拌匀。

2 在馄饨皮中间放上馅，然后用一根筷子，从皮的一边开始卷。

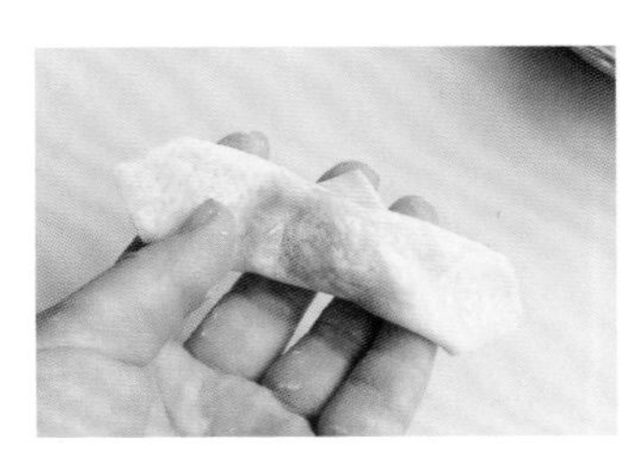

3 把馅卷进去。

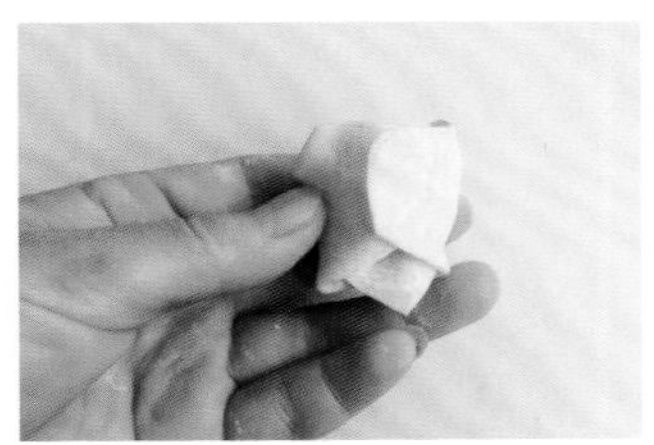

4 两端捏紧，这样馄饨生坯就完成了。

5 包好的馄饨放入保鲜盒中，放一层馄饨，铺一层保鲜膜，再放一层馄饨，以此类推。

6 吃的时候揭下保鲜膜，吃几层揭几层。

7 馄饨生坯直接下锅煮熟即可。

快速包馄饨的方法就是用一根筷子，从皮的一边开始卷起，两端捏紧即可。

百变营养的
美味米饭
20款

米饭煎饼

食材

米饭 1 小碗，鸡蛋 2 个，火腿肠、紫胡萝卜各 1 根。

调料

盐 2 克，香葱末 10 克，五香粉适量。

营养 Tips

紫色萝卜并不是转基因食品，它才是胡萝卜的“老祖宗”，它的营养价值是普通胡萝卜的好几倍，富含大量的花青素，是蔬菜中的“蔬菜之王”。

做法

1 火腿肠、洗净的紫胡萝卜切丁。

2 将所有食材和调料放入碗中，拌匀。

3 锅内烧热，淋少许油，倒入拌匀的米饭，用小火煎。

4 煎定型后翻面再煎，煎至两面金黄即可出锅。

如果米饭非常散，可加一点面粉增加黏性。锅底刷薄薄一层油即可，开小火，防止火大易煳。

炒饭比萨

食材

米饭 1 碗，甜豌豆粒、红甜椒各 30 克，洋葱半个，培根 50 克，马苏里拉奶酪 80 克。

调料

盐 2 克，番茄酱 20 克，黑胡椒粉 3 克。

营养 Tips

用米饭做比萨饼底，搭配蔬菜和高钙的奶酪，营养也很丰富，最重要的是超级简单、速成。

画重点

1 用平底锅直接做，最好是不粘锅。

2 炒饭配料可以自由发挥，有什么用什么。

做法

1 洋葱、培根、红甜椒分别洗净，切粒。

2 锅中倒油烧热，下入洋葱粒爆香，放入培根粒翻炒。

3 再加红甜椒丁和豌豆粒翻炒均匀，加入番茄酱、盐、黑胡椒粉炒匀。

4 加入米饭翻炒均匀，可加一点水以防煳锅。

5 轻轻压实，撒上马苏里拉奶酪。

6 盖上锅盖，转小火焖烤 2 分钟，奶酪全化即可。

培根奶酪饭卷

食材

米饭 1 碗，培根 4 条，奶酪片 2 片，黑芝麻 10 克。

调料

盐 1 克，香油适量。

营养 Tips

饭卷中加了奶酪，它是牛奶浓缩后的产物，所以牛奶的营养一样也不少。

做法

1 奶酪片切开。

2 黑芝麻加入米饭中，加少许盐和香油拌匀。

培根、奶酪有咸味，盐要酌量加入。

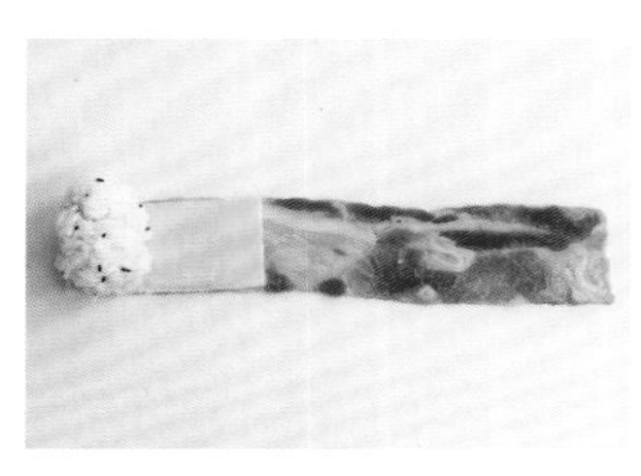

3 奶酪片放在培根上；将米饭捏成柱形，宽度和培根一样，放到奶酪培根条上。

4 卷好。

5 热油锅，中火煎至培根熟透即可。

泡菜煎饭团

食材

米饭 1 碗，火腿 40 克，鸡蛋 2 个，泡菜（辣白菜）50 克。

营养 Tips

泡菜煎饭团加入了辣白菜，辣白菜为发酵食品，发酵过程中会产生乳酸菌，能促进蛋白质分解和吸收。饭团裹上蛋液，在油锅煎烤中二者不断融合，打造极致美味。

泡菜和火腿都有咸味，蛋液中可以不加盐。

做法

1 鸡蛋打入碗中，打散。

2 火腿、泡菜切粒，放入碗中拌匀即为泡菜馅。

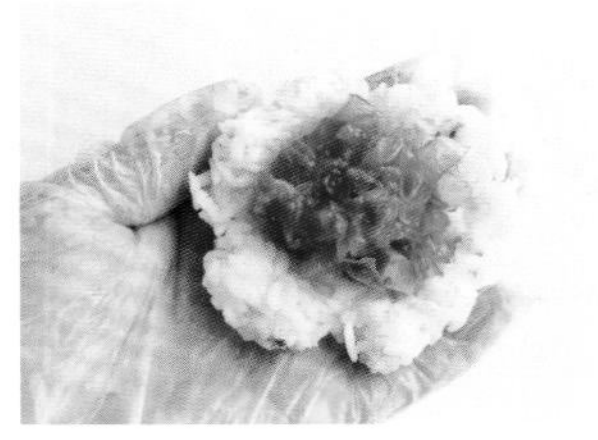

3 手上蘸些水，为的是不粘手，将米饭按扁，包入泡菜馅。

4 将包好的饭团在蛋液中滚一下。

5 在平底锅中倒入适量油，放入饭团，煎至焦黄即可。

紫菜包饭

食材

米饭1碗，虾6只，黑芝麻、白芝麻各5克，海苔6条。

调料

盐适量，寿司醋30克。

做法

1 虾去虾线，煮熟后捞出，去外衣留尾。

2 米饭中拌入寿司醋、盐，加入炒熟的芝麻。

3 戴上一次性手套，取一团米饭包入虾，留尾巴，捏紧。

4 在饭团上包上海苔即可食用。

画重点

1 早上想用新蒸的米饭做饭团，可以提前用预约功能蒸米饭。如果是剩米饭，可炒一下，或用微波炉加热几秒钟即可。

2 没有寿司醋，可自调，盐：糖：醋的比例是 1：5：10，隔水加热至糖化。

北极虾焗饭

食材

米饭 1 碗，北极虾 50 克，青椒、胡萝卜、紫胡萝卜各 30 克，马苏里拉奶酪 80 克。

调料

番茄酱 20 克。

营养 Tips

富含不饱和脂肪酸，不饱和脂肪酸是大脑的重要营养成分，对孩子的智力发育很重要。

做法

1 青椒、胡萝卜、紫胡萝卜洗净，切丁。

2 将米饭放入烤碗中，放入番茄酱、青椒、胡萝卜、紫胡萝卜拌匀。

3 撒上马苏里拉奶酪，放上北极虾，放入预热至 200℃的烤箱中，开上火，烤大约 10 分钟，至表层奶酪化开即可。

1 因为北极虾吃起来有其特有的甜味，米饭并没有炒制后再焗，拌入了番茄酱，口感非常清爽，也省了时间。

2 将北极虾从冰箱中取出，常温下自然解冻，切不可浸在水中，尤其不能浸泡在热水中，因为那样会使北极虾的鲜美味道流失。

菠萝炒饭

食材

菠萝半个，米饭 1 碗，黄瓜、胡萝卜各 30 克，火腿肠 1 根，鸡蛋 1 个。

调料

盐 2 克，番茄酱 15 克。

营养 Tips

菠萝营养丰富，富含胡萝卜素、维生素 C、钾、磷等多种营养素。

一部分人生吃菠萝会过敏，加热后食用，有助于预防过敏。

做法

1 黄瓜、火腿肠、胡萝卜洗净，切粒。

2 菠萝取出果肉，切粒。

3 米饭中打入鸡蛋，拌匀。

4 锅中放油，下米饭炒至松散，盛出。

5 锅中另放油，放入黄瓜、火腿肠、胡萝卜、菠萝翻炒，调入盐、番茄酱炒熟。

6 放入米饭炒匀即可出锅，盛入菠萝壳内。

米饭也可以不用先炒，和配料一起炒也可以，但不如分开炒口感松散。

韩式辣白菜炒饭

食材

鸡蛋 1 个，米饭 1 碗，辣白菜 100 克。

调料

白糖 3 克，葱末适量。

营养 Tips

辣白菜为发酵食品，发酵过程中会产生酸味的乳酸菌，食用之后可以遏制人体肠内有害菌，不但可以净化肠道环境，而且能够促进蛋白质分解和吸收。

辣白菜有开胃促食的作用，辣白菜本来有咸味，所以不用放盐，以免摄入过多盐。

做法

1 辣白菜切碎。

2 热锅内放油，煎一个太阳蛋。

3 利用煎蛋剩下的油将葱末炒香，放入辣白菜，煸炒出红油，然后再放入白糖调味。

4 倒入米饭快速炒匀，炒至有饭粒在锅中跳起，即可出锅。

翡翠炒饭

食材

油菜 1 棵，鸡蛋 1 个，米饭 200 克。

调料

盐适量。

营养 Tips

所谓的翡翠炒饭，其实就是绿叶菜泥与米饭混在一起。炒出来的米饭碧绿透亮，似翡翠。绿叶菜含叶绿素和维生素 C，特别适合不爱吃蔬菜的孩子。

画重点

胡萝卜、芹菜、番茄、紫甘蓝、苋菜等都可以打泥与米饭混合，还可以做出不同颜色的七彩炒米饭，创意就在自己手中。

做法

1 油菜择洗净，放入料理机中，不用加水打成泥状。

2 将米饭和菜泥搅拌均匀。

3 锅中倒入少许油，油热后打入鸡蛋，煎成太阳蛋后盛出。

4 锅中放入少许油，油热后倒入拌好的米饭。

5 中火炒至米饭干松，调入盐，盛盘中，放上煎好的鸡蛋即可。

杂粮炒饭

食材

杂粮米饭 1 碗，虾仁 50 克，胡萝卜 30 克，洋葱半个，豌豆 20 克，鸡蛋 2 个。

调料

盐适量。

营养 Tips

杂粮米饭里加的是红米，红米含有丰富的淀粉和植物蛋白质，矿物质和维生素含量也高于普通大米。

画重点

杂粮米饭和蔬菜是分开炒的，也可以和蔬菜一起炒，只是口感上不如分开炒香糯。

做法

1 虾仁洗净；胡萝卜丁、洋葱洗净，切丁。

2 锅中加水，放入豌豆，煮熟。

3 米饭中打入鸡蛋，拌匀。

4 热油锅，将虾仁过油，盛出。

5 锅中不用另倒油，杂粮米下锅炒至米粒呈松散状，盛出。

6 锅中放少许油，下入胡萝卜丁、洋葱丁、豌豆，调入盐，炒熟。

7 倒入杂粮米饭、虾仁。

8 炒匀即可出锅。

孜然牛肉炒饭

食材

牛里脊 100 克，米饭 1 碗，鸡蛋 1 个，洋葱半个。

调料

香菜段 8 克，孜然粒、孜然粉、白糖各 5 克，料酒 15 克，盐、淀粉各 2 克，生抽 10 克。

营养 Tips

牛肉含有丰富的蛋白质，氨基酸组成接近人体需要，能提高机体抗病能力，且富含锌、铁，有补铁补血的作用。中医认为，牛肉有补中益气、滋养脾胃、强健筋骨的功效。

做法

1 牛里脊洗净、切粒，加孜然粉、料酒、盐、白糖、生抽、淀粉抓匀。

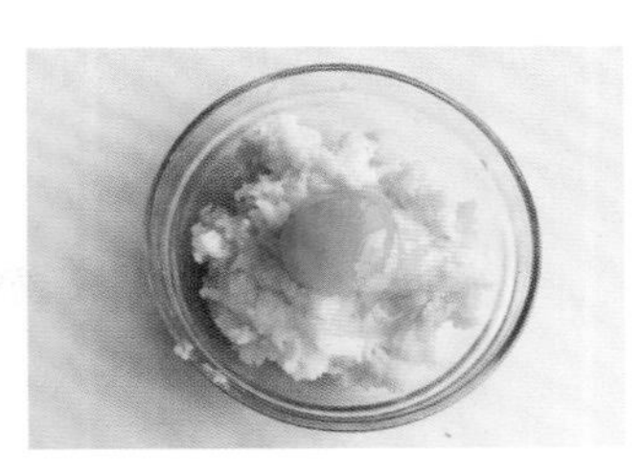

2 米饭中打入鸡蛋，拌匀。

3 锅内倒油，油热后放入孜然粒、切碎的洋葱炒香，下牛肉粒一起翻炒。

4 牛肉炒至变色后放入米饭，炒匀。

5 调入盐，放入香菜段，翻炒均匀即可。

腌牛肉时放入淀粉，是为了让牛肉保持软嫩的口感。分别放了孜然粒和孜然粉，腌制牛肉时放孜然粉，是为了让牛肉更入味；炒时放孜然粒，是为了给米饭增香。

茶香炒饭

食材

米饭 1 碗，胡萝卜粒、熟豌豆、熟玉米粒、香菇粒各 30 克，铁观音 10 克。

调料

盐 2 克。

营养 Tips

这款茶香炒饭清香适口，配有多种时蔬，营养丰富，还有开胃促食的作用。

蔬菜可依据自己的喜好搭配。

做法

1 铁观音用沸水泡开。

2 滤去茶汁，将茶叶放入油锅中，炒香。

3 炒过的茶叶用刀切碎。

4 锅中留底油，下香菇粒炒出香味，倒入胡萝卜粒、豌豆、玉米粒翻炒。

5 再倒入米饭、茶叶炒匀。

6 调入盐，炒匀即可出锅。

香菇酱油炒饭

食材

米饭 1 碗，干香菇 3 朵，青蒜 2 棵。

调料

盐 2 克，味极鲜酱油 5 克。

营养 Tips

曾经无意中在电视上看到了这款炒饭的方法，以前我也喜欢吃炒饭，但多是配着鸡蛋和各色蔬菜，后来发现这种酱油炒饭，酱香浓郁，回味悠长。

做法

1 干香菇泡发，洗净切片；青蒜洗净，切末。

2 锅内倒油烧热，放入青蒜炒香，加入香菇炒匀。

3 调入盐、味极鲜酱油，将香菇炒熟。

4 放入米饭炒匀即可。

画重点

酱油最好选用有鲜味的味极鲜酱油，不要放太多，少许调色调味即可。

蛋炒饭

食材

米饭 1 碗，鸡蛋 1 个。

调料

盐适量，香葱末 10 克。

营养 Tips

蛋炒饭应该是最经典的炒饭了。白白的米饭间掺杂着鸡蛋和葱花，黄的是蛋，白的是米，绿绿的自然是葱花，一碗剩米饭的华丽变身。

做法

1 鸡蛋打散。

2 锅中放油，烧热后放入米饭翻炒。

3 倒入打散的鸡蛋，炒至鸡蛋凝固。

4 加入盐调味，撒香葱末，翻炒均匀后即可出锅。

1 要剩饭，饭要硬些。

2 炒锅的油一定要热，不然鸡蛋炒出来会有腥味。

虾仁滑蛋烩饭

食材

大米 150 克，净虾仁 100 克，香菇 50 克，青蒜 40 克，鸡蛋、番茄各 1 个。

调料

盐 3 克，蒜末、料酒、白糖各 5 克，水淀粉、香油各适量。

营养 Tips

烩饭可用剩下的蔬菜、米饭，一同倒进锅里加热。如今的烩饭不再是剩菜、剩饭了，这道虾仁滑蛋烩饭，弹滑的虾仁、嫩滑的鸡蛋、清爽的香菇，给予味觉悠长的冲击。

画重点

1 如果是冷米饭，可把米饭倒入锅中加热后烹制。如果是热米饭，可直接拌食。

2 勾芡时要勾薄芡，往锅内淋入蛋液时要调小火，轻轻搅动形成蛋花后，再淋在饭上。

做法

1 大米淘洗净，用电饭煲的预约功能提前做一锅米饭。

2 香菇、番茄、青蒜洗净，切丁。

3 鸡蛋打散备用。

4 锅中入倒油，下蒜末爆香，放入香菇丁、番茄丁，翻炒至番茄软烂，放入虾仁，加入少许清水，煮沸后调入盐、白糖，煮 1 分钟。

5 将水淀粉慢慢倒入锅中勾芡，再将蛋液顺时针方向淋入锅中。

6 鸡蛋煮熟后关火，出锅时淋香油，撒青蒜丁。将烩料浇在米饭上食用。

番茄羊肉烩饭

食材

大米 150 克，羊肉片 200 克，番茄1个，红洋葱2个。

调料

高汤 500 克，番茄酱 20 克，盐、黑胡椒、香菜碎各适量。

营养 Tips

烩饭的容量较大，比起任何一种单独的饭菜，味道丰富得多。这道番茄羊肉片烩饭，羊肉暖胃祛寒、温补气血，番茄含有丰富的维生素 C 及番茄红素，二者搭配有补中益气、健胃消食的作用。

1 因用的是羊肉片，下锅后几分钟即可上桌。

2 如果是冷米饭，可把饭倒入锅中加热后食用。如果是热米饭，可直接拌食。

做法

1 大米淘洗净，用电饭煲的预约功能提前做一锅米饭。

2 番茄洗净，去皮，切块；红洋葱洗净，切块。

3 锅中放油，下番茄酱炒出红油，放入洋葱炒香。

4 下番茄炒匀。

5 倒入高汤煮开，下羊肉片煮熟，加盐调味。

6 食用时撒黑胡椒、香菜碎，拌食。

沙茶牛肉盖饭

食材

大米 150 克，牛肉 300 克，小米椒、杭椒各 3 个，黄瓜 1 根，洋葱半个。

调料

沙茶酱 30 克，生抽 15 克，盐 1 克，料酒 20 克，淀粉 10 克。

营养 Tips

沙茶牛肉是一道非常好吃的营养快手菜，和米饭做成盖饭，饭菜一锅出，不但补充了热量，还提供了丰富的矿物质。

1 沙茶酱有咸味，盐要酌量加入。

2 炒牛肉滑嫩的小技巧：（1）牛肉去除筋膜后横切，腌制牛肉时放入少许淀粉，然后用手使劲抓，把所有的水和汁都抓进肉里，反复 2 次，最后加一点油，会使牛肉滑嫩爽口。（2）炒肉时热锅凉油，油温不宜过高，用滑的方法，变色即可，不宜久炒。

做法

1 大米淘洗净，用电饭煲的预约功能提前做一锅米饭。

2 牛肉去除筋膜，用刀从垂直于纹理的方向切丁，调入盐、生抽、料酒和淀粉，然后用手使劲抓，最后加一点油，使牛肉更滑嫩爽口。

3 小米椒、杭椒洗净，切片；黄瓜、洋葱洗净，切丁。

4 锅中放入油烧热，放入腌好的牛肉，炒至变色，捞出待用。

5 锅中留底油，放入洋葱爆香，再放入小米椒、杭椒、牛肉翻炒。

6 随后放入沙茶酱均匀。

7 出锅时放入黄瓜。

8 炒匀，盛入盘中即可。

懒人网红焖饭

食材

大米 150 克，腊肠 1 根，番茄、土豆、胡萝卜各 1 个，鲜香菇 3 朵，菜花 30 克。

调料

盐 2 克，生抽 15 克，蚝油、橄榄油各 10 克。

营养 Tips

这道焖饭，有菜有肉，搭配多种蔬菜，可补充蛋白质、维生素和膳食纤维，关键是不用炒菜，省事又美味。

做法

1 腊肠、香菇、菜花洗净，切丁；土豆、胡萝卜去皮，洗净，切丁。

2 取直饮矿物质水适量。

食材比较随意，就看家里有什么了，或者你喜欢吃什么。使用电饭锅的预约功能，省时省力。

3 电饭锅里按照煮饭的量放入米和水，水比平时略少一点，因为番茄会出汤。放入调料拌匀，铺上腊肠、土豆、胡萝卜、香菇、菜花和划十字的番茄。

4 按下预约键，设定好时间。

5 早晨起来，把番茄的外皮剥去，然后把米饭和番茄拌匀即可。

茄子腊肠煲仔饭

食材

茄子 1 根，腊肠 100 克，大米 200 克。

调料

醋 3 克，味极鲜酱油 10 克。

营养 Tips

这就是最常见的腊肠煲仔饭，只不过用到的是茄子，用茄子做煲仔饭还是不多见的。茄子味甘性寒，具有清热、活血化瘀等功效。茄子中有一种叫茄碱的物质，具有抗氧化和抑制癌细胞等作用，但是人体摄入过多会发生中毒，在烹调时加点醋，有助于破坏和分解茄碱。

1 用电饭煲的预约功能，设定好时间，早晨起来饭菜一锅出，既营养又省时。

2 食材可依据自己的喜好和口味来搭配，一切皆有可能。

做法

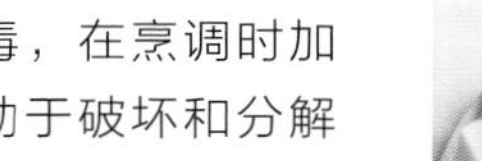

1 茄子洗净，切成粗条；腊肠切片。

2 炒锅中放少许油，油热后倒入茄条，炒到茄条变软，加少许味极鲜酱油、醋调味，出锅。

3 取直饮矿物质开水。

4 将洗净的大米放入电饭煲中，加平时蒸饭时的水量。上面放上炒过的茄条、腊肠，按下预约键，设定好时间即可。

广式肠粉

食材

专用肠粉100克，鸡蛋2个，火腿肠1根。

调料

海鲜豉油15克，香油、白糖各2克，香葱碎10克。

营养Tips

肠粉是一种米制品，广州茶楼、早茶夜市的必备之品，同时也是很多市民早餐的必选之品，老广记忆中的美食之一。可搭配牛肉、虾仁、鸡蛋、青菜等各种馅料，做成的肠粉富含蛋白质、维生素，也是一份非常有营养的早餐。

1 用的是专门做肠粉的粉，不用自己再配了，按照说明调制，非常方便，超市或网上都可买到。

2 也可搭配各种蔬菜。

做法

1 鸡蛋打散；火腿肠切片。将香葱碎、火腿肠片加入鸡蛋中拌匀。

2 专用肠粉加水调成浆状，至无面疙瘩。

3 平底盘刷薄油，舀一勺粉浆。

4 平底盘放入开水锅中，倒上鸡蛋液，蒸2~3分钟。

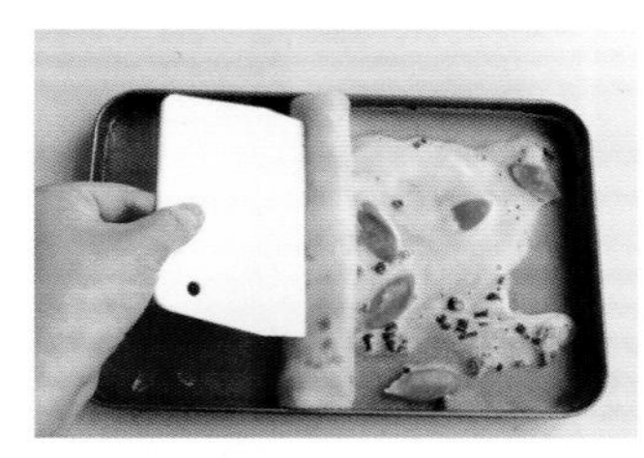

5 取出盘子，用刮板从一侧把粉皮铲起。

6 海鲜豉油、香油、白糖拌匀，微波炉高火加热30秒，淋在出锅后的肠粉上即可。

简易美味的
营养小点
9款

玫瑰红糖煮蛋

食材

鸡蛋 2 个，红枣 8 颗，玫瑰花 5 克。

调料

红糖 20 克。

营养 Tips

玫瑰红糖煮蛋营养丰富，有补气和血、润肠益胃作用，可缓解女性朋友冬季手脚冰冷的症状。

做法

1 鸡蛋放入小锅中煮 5 分钟。

2 玫瑰花、红枣洗净，放入碗中泡 5 分钟。

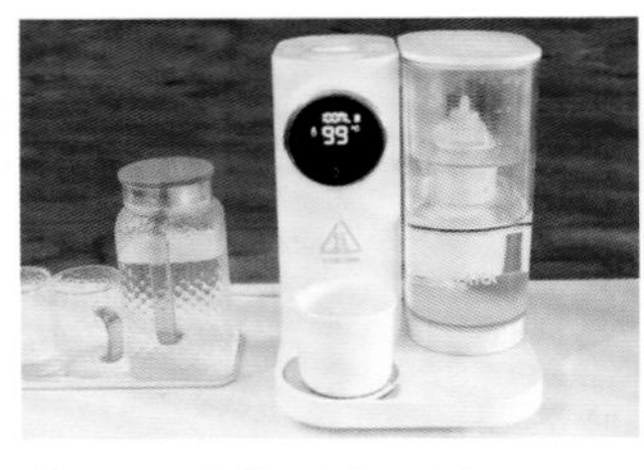

3 取直饮矿物质水 1300 毫升。

4 锅中加直饮矿物质水，放入玫瑰花、红枣、去壳的鸡蛋，煮 5 分钟，调入红糖即可。

鸡蛋第一次煮时，不要煮太熟，后面还要再煮一次。

蛋花酒酿圆子

食材

糯米小圆子 300 克，酒酿 100 克，鸡蛋 1 个。

营养 Tips

酒酿圆子是江南地区传统小吃，糯米粉搓的小圆子与酒酿同煮而成。糯米、酒酿均为温补之品，具有补中益气、健脾养胃、止虚汗之功效。

做法

1 取直饮矿物质开水 1000 毫升。

2 锅中加水，倒入小圆子，煮至小圆子浮上来。

3 调成小火，倒入酒酿，搅匀。

4 半分钟后，将打散的鸡蛋慢慢倒入锅内，马上关火。

1 糯米小圆子、酒酿在超市里都可买到。不建议将酒酿煮太长时间，因为那样的话香气会过度挥发。

2 鸡蛋入锅后，一定要低温，并且迅速搅拌鸡蛋，如此滑出来的蛋花才漂亮。

自制旺仔小馒头

食材

鸡蛋 1 个，低筋面粉、糖粉、玉米油各 30 克，奶粉 25 克，土豆淀粉 130 克，泡打粉 1.5 克。

营养 Tips

由于是用鸡蛋和面，口感香酥，入口即化，蛋香味浓郁，没有任何添加，非常适合萌牙期宝宝锻炼牙龈，也适合消化功能不好的人。

画重点

1 泡打粉起到酥脆的作用，也可不加。

2 小球放入烤盘时，每个中间要留缝隙，再喷点水，这步不能少，要低温烘烤，防止开裂。

做法

1 鸡蛋 、糖粉、玉米油搅拌均匀。

2 加入土豆淀粉、低筋面粉、奶粉、泡打粉。

3 搅拌均匀成絮状，然后揉成光滑的面团，面团最好既不粘手，也不能太干。

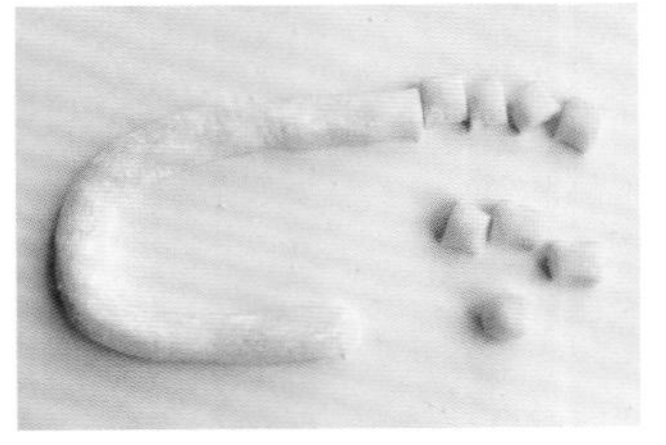

4 取出面团，搓成条，切丁，再搓成小球。

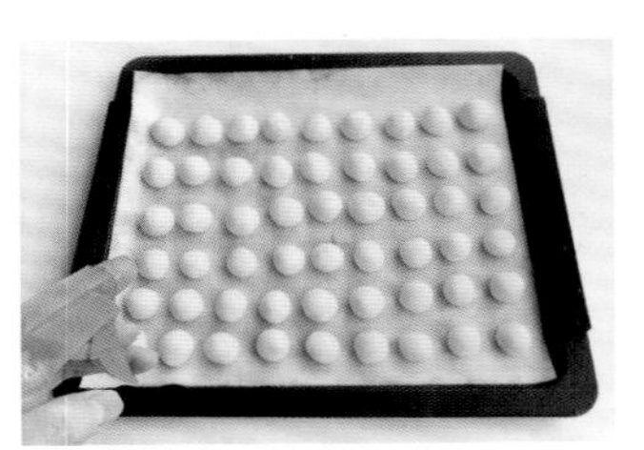

5 放入烤盘中，每个中间要留缝隙，再喷点水。烤箱预热 160℃，上下火，中层烘烤约 15 分钟，烤至微黄即可。

巧克力甜甜圈

蛋糕食材

鸡蛋 2 个，细砂糖 65 克，低筋面粉 100 克，玉米油 60 克，泡打粉 3 克，香草精 3 滴，盐 1 克。

表面装饰

白巧克力、黑巧克力各 80 克。

营养 Tips

巧克力甜甜圈是近年流行的一款小甜点，小蛋糕烤成的甜甜圈与面包甜甜圈比起来，省去了揉面、发酵的过程，巧克力的装饰让甜甜圈变得更可爱。

1 普通模具需涂上一层薄薄的黄油。

2 挤入模具的面糊七成满即可，否则中间小孔会消失。

做法

1 鸡蛋加入细砂糖、香草精搅拌均匀，无须打发。

2 筛入低筋面粉、泡打粉、盐，搅拌至无颗粒。

3 加入玉米油搅拌至面糊柔滑。

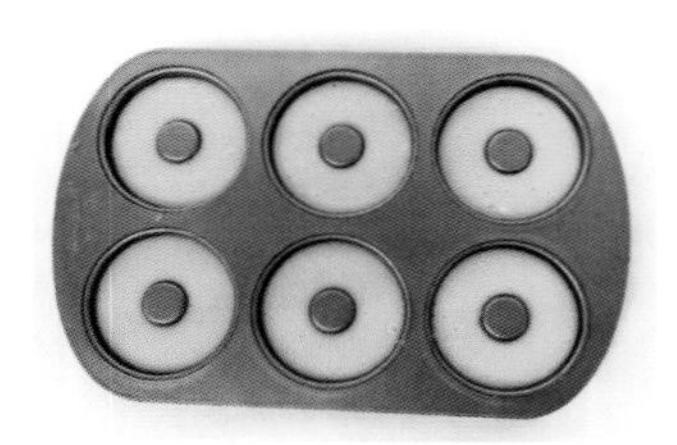

4 装面糊入裱花袋，挤入模具中，七成满左右就可以了，太满蛋糕膨胀后会看不见中间的小孔。预热烤箱 180℃，中层，上下火，烤 15 分钟左右。

5 出炉，脱模。

6 白巧克力、黑巧克力分别隔热水化开，放入甜甜圈裹上巧克力液。

7 表面再用巧克力液装饰一下即可。

果香年糕羹

食材

年糕片、山药各 100 克，红心火龙果半个。

调料

冰糖适量。

营养 Tips

加了火龙果的年糕羹，风味别具一格，果香天然。火龙果富含水溶性膳食纤维，具有预防便秘、大肠癌等功效。

做法

1 火龙果去皮切丁；山药去皮后洗净，切丁；年糕片掰开。

2 取直饮矿物质水 2000 毫升。

3 锅中放入水，放入山药丁、年糕片，煮约 8 分钟。

4 放入火龙果丁。

5 调入冰糖煮化即可出锅。

火龙果不要放太早，否则里面的花青素和维生素会大量流失。

擂沙汤圆

食材

冷冻汤圆 8 个，熟黄豆粉、熟花生米各 50 克。

营养 Tips

擂沙汤圆是上海著名小吃，已有 70 多年历史。将带馅汤圆煮熟，外裹一层黄豆粉、花生碎，故名为擂沙汤圆。擂沙汤圆富含脂肪、碳水化合物、钙、铁、B 族维生素，对补充体力很有用。

做法

1 煮一锅水，水沸后放入冷冻汤圆，用勺子轻推，不要使其粘底，中火煮 5 分钟，待汤圆浮于水面就熟了。

2 煮汤圆时，把熟花生米放入保鲜袋中，用擀面杖压碎，过筛（如喜欢花生颗粒口感，可不必过筛）。

3 将花生碎和熟黄豆粉混合。

4 将煮好的汤圆趁热捞出，稍微沥干水分后滚上熟黄豆粉和花生碎即可。

1 汤圆本是甜的，就没放糖，喜欢甜的，可以加白糖。

2 汤圆、熟黄豆粉、熟花生米都可在网上或超市买到，所以擂沙汤圆制作简单，超极快手，口味绝不会输给知名甜品店。

3 汤圆不要煮太过，滚粉的时候容易破。

果仁豆沙蛋卷

食材

混合果仁 60 克，鸡蛋 2 个，面粉 20 克，豆沙馅 80 克。

调料

白糖适量。

营养 Tips

果仁富含蛋白质、脂肪、碳水化合物、膳食纤维以及多种抗氧化剂。这款小点有补充热量、促便、开胃的作用。

做法

1 混合果仁切碎后放入碗中，加入豆沙馅拌匀。

2 鸡蛋打入碗中，加面粉、白糖和少许清水，打成蛋糊。

混合果仁、豆沙馅在超市都可以买到，也可把混合果仁换成混合燕麦片，营养、美味不减。

3 蛋糊倒入锅中，煎成蛋饼。

4 将馅料搓成条状，放入蛋饼中。

5 卷成卷，切段即可。

草莓牛奶冻

食材

牛奶 400 克，细砂糖、吉利丁粉各 15 克，草莓适量。

营养 Tips

草莓牛奶冻是老人和孩子都超级喜欢的一道小甜点，草莓含有丰富的维生素，牛奶富含钙、烟酸，是一款非常适合夏季食用的甜品。

做法

1 吉利丁粉用冷水泡软。

2 牛奶、细砂糖放入锅里，小火慢煮，不可煮开，煮至大约 80℃。

3 吉利丁粉加入牛奶中，搅拌至化。

4 草莓洗净去蒂，对切，与牛奶一起放入容器中，放入冰箱冷藏室，4 小时后即可取出食用。

画重点

牛奶不可煮开，否则温度过高，吉利丁会失效，牛奶的营养成分也会流失。

双仁脆枣球

食材

红枣 150 克，杏仁 50 克，核桃仁 30 克，土豆淀粉 20 克，牛奶适量。

营养 Tips

双仁脆枣球是一道自制的小零食，把红枣去核打成泥，裹上杏仁、核桃仁，烤至酥脆，出炉后的枣球不但外酥里嫩，而且富含膳食纤维，可通便、补血养颜。

1 网上或超市里有一种去核的枣片，直接浸泡，打成枣泥，可节省时间。

2 视枣泥的干湿度，牛奶可酌情添加。烤制时间可依据自己的烤箱而定。

做法

1 红枣提前浸泡 30 分钟。

2 红枣去核。

3 红枣放入料理机中，打成泥。

4 杏仁、核桃仁用刀切碎。

5 将枣泥放入大碗中，放入土豆淀粉，若是太干，可加入适量牛奶，能捏成团即可。

6 将枣泥捏成团，放入烤盘中，粘匀杏仁碎、核桃仁碎。烤箱预热 200℃，上下火，中层烤 15 分钟即可。

爽口百搭的
佐餐小菜
10款

印花卤蛋

食材

鸡蛋 10 个，香菜叶 10 片。

调料

啤酒 1 听，老抽 10 克，盐 5克，大料1个，桂皮1块，小茴香、甘草各 2 克，草果 2 个，香叶 1 片。

营养 Tips

印花卤蛋贴了香菜叶，是我的创意之举，卤出的鸡蛋有一个树叶图案，让平凡的卤蛋也来个华丽变身。

将卤好的蛋在卤汁中泡上一晚，味道更佳。

做法

1 将鸡蛋洗净，冷水下锅，锅中的水没过鸡蛋，煮 5 分钟。

2 煮好的鸡蛋去皮；香菜叶蘸少许水，贴在鸡蛋上。

3 鸡蛋全部包好，放回锅中，加清水，倒入啤酒。

4 将所有香料放入调料盒中，放入锅中。

5 放入老抽、盐，再煮 5 分钟，关火。

白灼金针菇

食材

金针菇250克，小米椒3个。

调料

香葱末 5 克，盐 2 克，生抽 15 克，白糖 8 克。

营养 Tips

金针菇味美适口，其中赖氨酸和精氨酸含量尤其丰富，还含有一种叫朴菇素的物质，有开胃、抗癌的食疗作用。

做法

1 金针菇去根，冲洗干净。

2 小米椒洗净，去蒂，切圈。

1 金针菇焯水一定要快，不然颜色会发暗，出锅后尽快拌入调料，更容易入味。

2 也可以根据自己的口味选择姜、胡椒、辣椒油等调料。

3 锅中水烧开后熄火，放入金针菇焯水 1 分钟，捞出沥干水分。

4 金针菇装盘，加入香葱末；生抽、盐和白糖加少许凉白开调匀，倒在金针菇上。

5 另起油锅烧热，小米椒用油稍微炸一下，淋在金针菇上即可。

洋葱拌木耳

食材

干木耳 5 克，洋葱、小米椒各 1 个，香菜 1 棵。

调料

凉拌酱油 15 克，辣椒油、醋各 10 克，盐 1 克，白糖 5 克，香油适量。

营养 Tips

洋葱含有前列腺素 A 和钾等营养物质，可降血压、提神醒脑、预防感冒、清除体内氧自由基。

画重点

1 干木耳提前泡发。

2 味汁可依据自己的口味来调。

做法

1 洋葱去外皮，洗净，切小块。

2 干木耳用凉水提前浸泡，泡发后清洗干净。

3 小米椒、香菜洗净，切段。

4 泡好的木耳焯水，过冷水，沥干水分。

5 凉拌酱油、辣椒油、醋、盐、白糖、香油调入小碗中制成味汁；洋葱、木耳、香菜、小米椒放入大碗中，倒入味汁拌匀即可。

红油冻豆腐

食材

冻豆腐 300 克，红甜椒、黄甜椒各 1 个，黄瓜 1 根。

调料

红油 8 克，生抽、蚝油各 10 克，香醋 15 克，香油适量。

营养 Tips

将水豆腐冷冻，即为冻豆腐。解冻并脱水干燥的冻豆腐又称海绵豆腐，孔隙多、弹性好、营养丰富，味道也很鲜美。

豆腐蛋白质、钙含量丰富，常食可预防骨质疏松、乳腺癌，适合更年期女性常食。

画重点

冻豆腐超市有售，也可自己冻，做炖菜也不错，营养美味。

做法

1 冻豆腐先化冻，切方丁。

2 红甜椒、黄瓜、黄甜椒洗净，切块。

3 冻豆腐放锅中焯一下，捞出挤干水分。

4 冻豆腐放入大碗中，再放入红甜椒、黄瓜、黄甜椒。

5 生抽、香醋、蚝油、香油调匀，倒入碗中，调入红油拌匀即可。

红油蛤蜊黄瓜

食材

嫩黄瓜 1 根，蛤蜊 500 克。

调料

姜末 5 克，盐 2 克，白糖 8 克，陈醋 15 克，凉拌酱油 10 克，香油、红油各适量。

营养 Tips

蛤蜊其肉鲜美，与清爽的黄瓜搭配，味道更独特，且有清热利尿的作用。

蛤蜊等贝类本身极富鲜味，烹制时千万不要再加味精，也不宜多放盐，以免鲜味反失。

做法

1 蛤蜊洗净，放入锅中，加没过蛤蜊的凉水，大火煮至蛤蜊开口后捞出。

2 取出蛤蜊肉。

3 黄瓜洗净，切成小滚刀块。

4 把蛤蜊肉和黄瓜块放入大碗中；姜末、盐、白糖、陈醋、凉拌酱油、香油、红油调成料汁，倒在大碗中拌匀即可。

酱黄瓜

食材

黄瓜 2500 克。

调料

酱油 1250 克，盐 250 克，蒜片、姜片、红糖各 100 克，花椒油 75 克，鸡精 50 克，白酒 165 克。

营养 Tips

我一般是不买酱菜的，因为家中有一个做酱菜的方子，常常做些酱菜放在冰箱里，也不用多做，吃完后可再做另一种菜的酱菜。
（酱菜的量可以按比例增减）

做法

1 黄瓜洗净晾干，切成小条，放入盐腌 3 小时。

2 盆中放入酱油、红糖、鸡精、蒜片、姜片、白酒，制成料汁。

3 将腌好的黄瓜沥去盐水，放入调好的料汁中。

4 花椒油倒入黄瓜中，腌制 12 小时即可食用。

画重点

1 腌酱菜时，要用干净的筷子经常翻动一下。筷子一定要干净，以防带入生水长毛，因为自制的酱菜不放任何防腐剂，这点要特别注意。

2 酱菜腌好后捞出，装入干净的瓶子或保鲜盒中，放入冰箱冷藏。

3 剩余的腌料汤可用来腌制其他菜，放入的菜必须用盐提前腌过。

凉拌茴香球

食材

茴香球 2 个，白萝卜 1 根，香椿苗 30 克，柠檬半个。

调料

橄榄油 3 克，苹果醋 15 克，盐 2 克，蜂蜜适量。

营养 Tips

小小的茴香球，看上去像放大版的芹菜根，不见几片叶子，散发着淡淡的茴香味。茴香球质地脆嫩，可以煮汤，可以泡茶，可以当香料。茴香球独有的甜味和香味有健胃促食的作用，含有的钾有助于降压。

抨制时如果材料渗出过多汤水，则会令味道变淡，因此要将切丝的茴香球和白萝卜沥干水分再拌制。

做法

1 茴香球切掉头尾，洗净。

2 将茴香球、洗净的白萝卜切丝，和香椿苗一起放入碗中。

3 橄榄油、苹果醋、盐、蜂蜜放入调料碗中，挤入柠檬汁，制成料汁。

4 将料汁倒入茴香球碗中，拌匀即可。

蒜香黄瓜花

食材

黄瓜花 400 克。

调料

蒜片 15 克，盐 2 克。

营养 Tips

黄瓜花，其实就是带着花的黄瓜嫩仔，用来凉拌，别具风味。

做法

1 黄瓜花去掉过长的蒂。

2 黄瓜花放淡盐水中浸泡10 分钟，冲洗几遍后沥干水分。

3 锅中放油，油五成热后放入蒜片爆香。

4 放入黄瓜花大火翻炒半分钟，只用盐调味就好。

为了保留黄瓜花清新的味道，不用加太多调料，一点点盐就好。

素拌银芽

食材

绿豆芽（银芽）400克，胡萝卜、黄瓜、黄甜椒各50克。

调料

盐2克，白糖5克，醋、生抽各10克，香油适量。

营养Tips

绿豆芽含有丰富的膳食纤维，有利尿消肿、通便、减肥的功效。

绿豆芽一定要焯熟，否则不但豆腥味重，食用后还可能中毒。

做法

1 胡萝卜、黄瓜、黄甜椒洗净，切丝。

2 绿豆芽洗净，放入锅中焯熟，捞出沥干水分。

3 将焯熟的绿豆芽、胡萝卜丝、黄瓜丝、黄甜椒丝一起放入大碗中。

4 盐、白糖、醋、生抽、香油放入调料碗中，调成味汁。将味汁倒入大碗中，拌匀即可。

糖醋莴笋

食材

莴笋 350 克。

调料

白糖 15 克，白米醋 10 克，盐 2 克。

营养 Tips

莴笋含有多种维生素和矿物质，具有镇痛和催眠的作用。

莴笋叶的营养成分比茎更高。平时也可用莴笋叶煮粥或煮汤。

做法

1 莴笋去叶去皮，洗净，切成片。

2 锅中放入适量清水，烧开后放入莴笋片，焯 30 秒捞出，沥干水分。

3 白糖用少许开水化开，放入白米醋、盐制成糖醋汁。将糖醋汁倒在莴笋片上，拌匀，腌 10 分钟即可。

糖醋汁的酸甜度可依自己的口味来调。

第三章

西式速成元气早餐

34 款

蔬果汁的
瘦身之旅

10款

苹果番茄青柠汁

食材

番茄 200 克，苹果 1 个，柠檬汁 30 克。

营养 Tips

苹果番茄青柠汁含有丰富的维生素 C。苹果具有整肠的作用，番茄富含番茄红素，对心血管具有保护作用。

画重点

如果喜欢甜味的，可加些蜂蜜或白糖调味。

做法

1 番茄、苹果洗净。

2 苹果去皮、核，切块；番茄切块；将苹果块、番茄块、柠檬汁一起放入料理机中，加直饮矿物质水搅打成细腻的果汁。

苹果西芹胡萝卜汁

食材

胡萝卜 1 根，苹果 1 个，西芹 2 根。

营养 Tips

胡萝卜富含胡萝卜素，与西芹、苹果搭配，具有清肠排毒、抗皱润肤的作用。

蔬果打汁最好不要过滤，渣汁一起吃，更营养。

做法

1 胡萝卜、苹果、西芹洗净。

2 取直饮矿物质水 700 毫升。

3 苹果去皮、核，切成块；胡萝卜切块；西芹切成小段；三者放入料理机中，加矿物质水打成汁即可。

胡萝卜菠萝汁

食材

菠萝 300 克，胡萝卜半根。

调料

盐少许。

营养 Tips

菠萝和胡萝卜均含有胡萝卜素和丰富的维生素 C，可加强机体免疫力。

做法

1 菠萝去皮、切块，先用淡盐水浸泡 15 分钟，取出冲洗干净；胡萝卜洗净，切块。

2 把胡萝卜块和菠萝块一起放入榨汁机，加入一杯矿物质水榨汁即可。

画重点

1 菠萝含有一种菠萝酶，会对口腔黏膜和唇周皮肤有刺激作用，在吃之前用盐水泡一下，既可减少刺激，也可使味道更甜。

2 矿物质水的量可以自行调整，但水量不能太少，太少的话果蔬渣多，口感不好。

芒果生菜汁

食材

芒果 1 个，生菜 5 片。

营养 Tips

芒果和生菜都含有丰富的膳食纤维和维生素 C，有消除多余脂肪、降低胆固醇的作用，故常吃能减肥。生菜还有利尿作用。

也可以加点蜂蜜丰富口感。

做法

1 芒果、生菜洗净。

2 取直饮矿物质水 600 毫升。

3 芒果去皮、核，切成块；生菜切小片；一起倒进料理机中，加入矿物质水搅打成细腻的蔬果汁。

白菜苹果汁

食材

大白菜叶300克，苹果1个。

调料

蜂蜜适量。

营养 Tips

曾经有段时间风靡大白菜瘦身。因为大白菜含有丰富的膳食纤维，可增强肠胃的蠕动，排毒润肠。白菜加上酸甜的苹果，效果加倍。

1 矿物质水根据自己的习惯，喜欢稀点多加水，喜欢稠点少加水。

2 蜂蜜也可不加，加蜂蜜是为了增加口感。

做法

1 大白菜叶用沸水烫一下；苹果去核，切块。

2 将大白菜叶、苹果放入料理机中，加矿物质水打成汁，加蜂蜜调味即可。

火龙果汁

食材

红心火龙果 1 个。

营养 Tips

红心火龙果含铁和膳食纤维，还富含花青素，有补血、抗衰老作用。

做法

1 火龙果去皮，切块

2 火龙果放入搅拌机，不用加矿物质水，搅拌至顺滑，搅拌时间不要太长。

画重点

这个做法里没有加水，因为火龙果本身含水量高，水分充足，打出来是略稠的汁。

草莓思慕雪

食材

草莓 10 颗，苹果 1 个，牛奶 125 克。

营养 Tips

思慕雪的主要成分是新鲜的水果或者冰冻的水果，用搅拌机打碎后加上碎冰、果汁、雪泥、乳制品等，混合成半固体的饮料。也可以理解为一种富含维生素的冷甜点，适合炎热的夏季食用。

做法

1 草莓、苹果洗净，苹果去核切块。将备好的水果放冰箱冷冻。

2 将草莓、苹果、牛奶放入搅拌机里，搅拌成顺滑的果汁。

3 草莓切片，贴在玻璃杯壁上作为装饰。

4 慢慢将果汁倒入杯中，装饰上草莓即可。

水果可提前冷冻，或者加冰搅拌。

香蕉雪梨思慕雪

食材

雪梨、猕猴桃各 1 个，香蕉 1 根，酸奶 200 克。

营养 Tips

思慕雪是新鲜或冷冻水果、蔬菜、冰块、牛奶、豆奶、酸奶等，用搅拌机搅打而成质地厚实的冰凉饮品，强调食材的新鲜健康。

做法

1 猕猴桃、香蕉去皮，雪梨去皮、核。

2 将所有食材放入料理机中，加少许碎冰搅拌成果汁。

画重点

1 食材搭配上可以发挥创造力，不过一般来说至少要 2 种水果，新鲜或冷冻都可以。想要更加健康，还可以加入新鲜蔬菜，如甘蓝、菠菜、芝麻菜等。

2 液体类可以选择酸奶、豆奶、冰咖啡、绿茶，可以带来不一样的口感。

猕猴桃奶昔

食材

自制原味酸奶 1 大杯（300克），猕猴桃 2 个。

营养 Tips

猕猴桃含有丰富的维生素 C，可强化免疫系统，促进伤口愈合和对铁质的吸收。它还是低钠高钾食物，对维持心血管健康有益。

画重点

也可以在奶昔中加点坚果碎，营养、口感更好。

做法

1 自制原味酸奶放在冰箱冷藏（也可用成品酸奶）。

2 猕猴桃去皮后切丁，和酸奶一起放入料理机中，搅拌成细腻的果汁。

香蕉普洱奶昔

食材

香蕉 2 根，普洱茶粉 5 克，牛奶 250 克。

营养 Tips

香蕉富含碳水化合物、钾、镁，和牛奶做成奶昔营养更为丰富，加入普洱茶，具有降血脂、减肥、生津止渴等功效。

做法

1 准备好香蕉、普洱茶粉、牛奶。

2 香蕉去皮，放入料理机中，和普洱茶粉、牛奶一起搅拌成细腻的果汁。

画重点

这款奶昔，用的是普洱茶粉，因为普洱茶粉即冲即饮，非常方便。如果没有，可以用普洱茶冲泡出茶汤来做。

一个面包的
随意搭配
10款

草莓法式吐司

食材

全麦吐司片 4 片，牛奶 100 克，鸡蛋 1 个，草莓适量。

调料

细砂糖 15 克，黄油 20 克，草莓果酱、糖粉各适量。

营养 Tips

这个法式吐司是早餐经常吃的，很方便。正宗的做法是加淡奶或淡奶油，加牛奶更清淡、更方便。早餐没必要弄那么复杂，蛋、奶、水果全有，营养一定不会差。

做法

1 鸡蛋打散，加入牛奶、细砂糖搅拌均匀。

2 将吐司片浸入牛奶鸡蛋液中，吸饱奶液。

3 平底锅加热，放入黄油，黄油化开后放入吐司片，煎至两面金黄后取出。

4 吐司一面抹上草莓酱，盖上另一片吐司，放上草莓，撒糖粉装饰即可。

果酱、水果可以换成自己喜欢的。这样的做法同样适用于馒头，也很好吃。

开放式三明治

食材

软欧包（不是吐司）、法棍面包、软质奶酪、当季水果（质地需柔软多汁）、肉制品、各色蔬菜、坚果碎各适量。

调料

各种酱料适量，黑胡椒碎少许。

营养 Tips

两三片面包中间夹上肉类、蔬菜、水果、沙拉酱等，这是传统三明治的做法，也是我们比较熟知的。
这里将面包切片上面随便堆放上新鲜的蔬菜、水果、奶酪等，一份丰富营养的早餐就完成了。

准备工作

1 法棍面包切片。

2 软欧包切片。

3 将所有面包片放入锅中煎至微黄。

萨拉米肠黄瓜奶油奶酪三明治

做法

1 软欧包片抹上奶油奶酪，黄瓜切片后摆在上面。

2 放上萨拉米香肠，撒坚果碎即可。

鹅肝小萝卜法式芥末酱三明治

做法

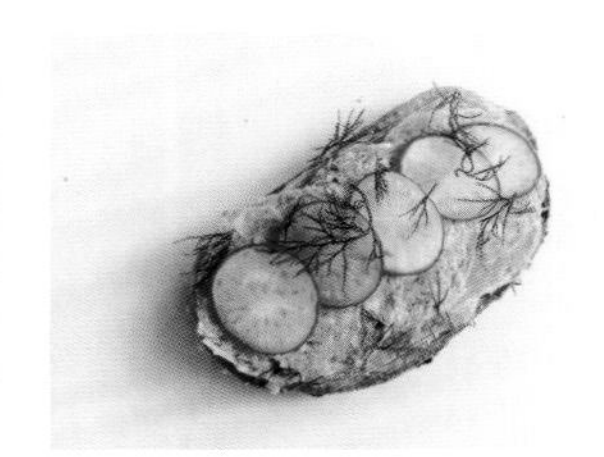

1 软欧包片抹上法式芥末酱。

2 鹅肝（罐头）切片，小萝卜切片，均摆放到软欧包片上，撒上莳萝即可。

库巴式风干火腿鱼子酱三明治

做法

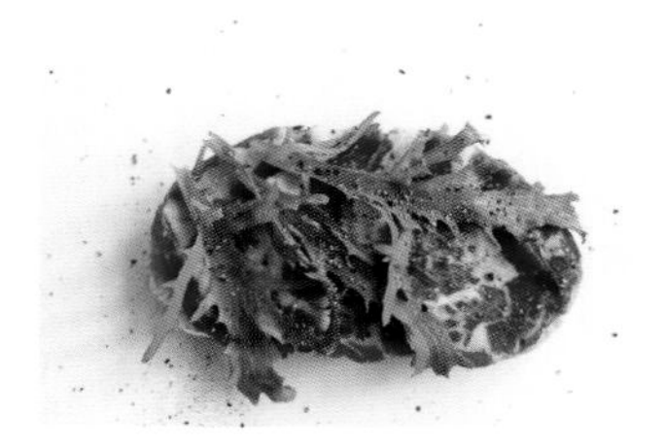

1 软欧包片抹上鱼子酱。

2 库巴式风干火腿片、苦菊叶摆放到软欧包片上，现磨上黑胡椒碎即可。

牛油果蛋黄沙拉酱三明治

做法

1 法棍面包片上抹上蛋黄沙拉酱。

2 牛油果去皮切片，熟鸡蛋切片，均摆放到法棍面包片上即可。

芒果草莓番茄酱三明治

做法

1 法棍面包片上抹番茄沙司。

2 芒果去皮核，切片；草莓切开。芒果和草莓均摆放到法棍面包片上即可。

画重点

1 开放式三明治，可按这个公式搭配：欧包（法棍、吐司片）+ 某种奶酪（酱料）+ 蔬菜 + 甜的 + 咸的 + 坚果，丰俭由人。

2 推荐酱料，比如黄油酱、奶油酱、鱼子酱、巧克力酱、蛋黄酱、蜂蜜芥末酱、柠檬汁、黑醋汁等。再加上些许清新香草，比如莳萝、小茴香、薄荷、罗勒、百里香等，味道更丰富。

卡通三明治

食材

吐司片 4 片，奶酪 1 块。

调料及装饰

黑豆、蓝莓果酱、番茄酱各适量。

营养 Tips

这款瓢虫卡通三明治，制作起来比较简单，而且加了奶酪和果酱，无论是外形还是口感，都很讨孩子喜欢。可以搭配蔬菜沙拉和一杯牛奶，一顿营养的早餐就齐活了。

做法

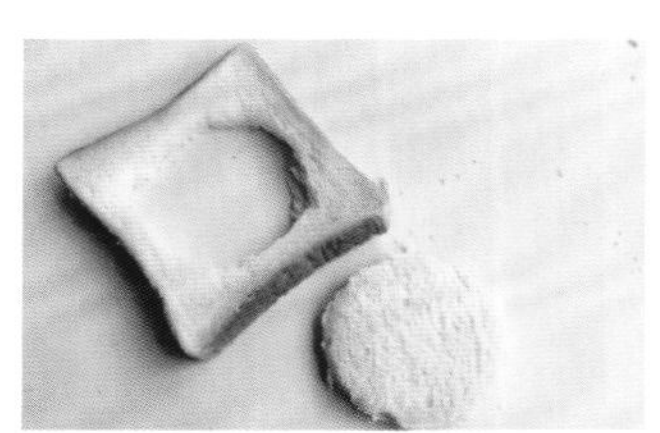

1 用圆形模在吐司片上切出两大两小的面包片，或者用杯子口压也可以。

2 再将大面包片和小面片中的各一片切成如图的 3 块。上边半圆弧形是用杯子口压的。

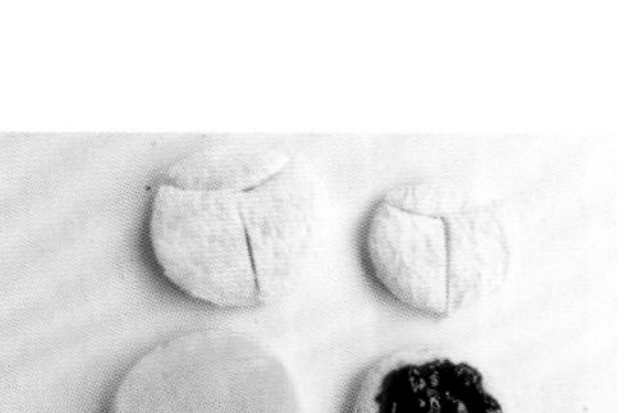

3 切出大面包片形状的奶酪，放在大面包片上；小面包片上涂上蓝莓果酱。

4 将切成 3 块的面包片放在上面，放上黑豆做眼睛，挤上番茄酱和蓝莓果酱做瓢虫斑点即可。

内馅可以换成孩子喜欢的果酱或其他材料。

鸡蛋三明治

食材

吐司面包 4 片，鸡蛋 2 个。

调料

黑胡椒粉 2 克，盐 1 克，
蛋黄沙拉酱 20 克。

1 可直接去超市买面包片，勤快的可自己做个吐司面包。

2 煮蛋到底该煮多长时间：鸡蛋冷水下锅，水开后 3~5 分钟即可。“3 分钟鸡蛋”是微熟鸡蛋，“5 分钟鸡蛋”是半熟鸡蛋，有益于人体摄取营养。

我喜欢的另一种方式，是煮 3 分钟，关火闷 3 分钟，这个熟度，蛋黄不干，却完全凝固了，而且非常好剥离。

做法

1 鸡蛋煮熟，去皮。

2 用勺子将鸡蛋捣碎呈小块状，加入蛋黄沙拉酱，撒入盐和黑胡椒粉拌匀。

3 用刀切去面包片的边缘。

4 在一片面包上涂抹拌匀的鸡蛋酱，盖上另一片面包。

5 切开即可。

牛油果黄瓜三明治

食材

牛油果2个，切片面包6片，柠檬半个，黄瓜 1 根。

调料

新鲜薄荷叶 3 片，盐适量。

营养Tips

这是一款全素三明治，但有牛油果的加入，相当的健康。牛油果含有丰富的优质脂肪和蛋白质，对促进大脑发育有益。

做法

1 牛油果去皮。

2 用勺子将果肉挖出来，放进碗里碾成泥。也可以放入料理机中打成果泥（不用料理机也可以，清洗比较麻烦）。

3 直接用刨丝工具把黄瓜刨碎或者用刀剁碎，与牛油果泥混合均匀。

4 加入切碎的新鲜薄荷叶、盐，挤入柠檬汁，拌匀。根据个人喜欢的味道进行调整。

5 去掉面包边，一片抹上牛油果泥，另一片摆上黄瓜片，组合起来。

6 轻轻用锯齿刀切开即可。

牛油果要选择成熟的，即褐色表皮的牛油果。

吐司比萨盏

食材

吐司片 4 片，黄瓜、胡萝卜、火腿各 30 克，马苏里拉奶酪碎 50 克。

调料

黑胡椒粉少许。

营养 Tips

这是一款非常简单的早餐，几片普通的吐司，还有自己喜欢的时蔬、水果，摇身一变就成了花朵状的吐司比萨盏，可以补充蛋白质、维生素等营养。

做法

1 黄瓜、胡萝卜洗净，切粒；火腿切粒。

2 吐司片用刀在四边的中心点切口，切到距离中心一半的地方即可，注意不要切断。

3 将面包片小心的放入烤盘中，“花瓣”错开摆放。

4 放入黄瓜粒、胡萝卜粒、火腿粒，撒上马苏里拉奶酪碎。预热烤箱 190℃，中层，上下火，烘烤 8 分钟左右，待奶酪化即可。

画重点

1 开始做时先预热烤箱，省时。可把蔬菜粒提前切好，装盒冷藏备用，省力。

2 喜欢甜味的也可放果酱或番茄沙司等。

豆豉鱼汉堡

食材

长条面包 2 个，豆豉鱼罐头 1盒，生菜叶、苦菊各适量，小番茄 4 个。

调料

蛋黄酱适量。

营养 Tips

鱼罐头虽然在制作过程中有一部分营养会流失，但是经过高温高压加热使鱼骨变酥变软，大量骨钙溶出，故而含鱼骨的罐头产品中钙含量很高，有补钙的作用。

做法

1 长条面包切开，在底片抹上蛋黄酱。

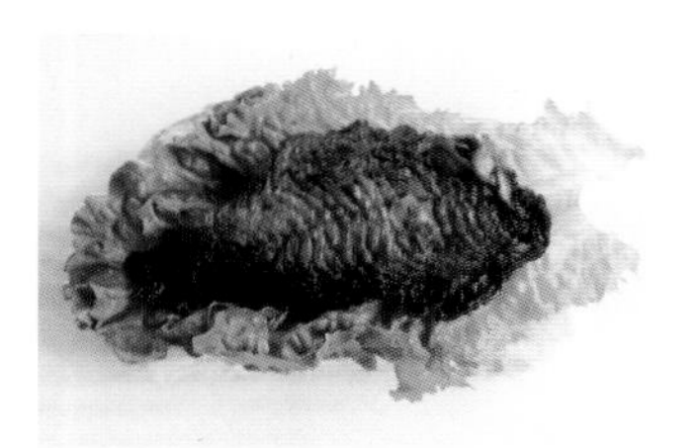

2 放上洗净的生菜叶、豆豉鱼。

3 再放一层生菜叶和苦菊，摆上切片的小番茄。

4 盖上面包顶片即可。

1 汉堡坯可在超市或蛋糕店里买，也可自己提前做出来。

2 鱼罐头也可选择其他品种和口味。

奶酪烘蛋汉堡

食材

圆面包、鸡蛋各 3 个，胡萝卜、青椒、奶酪各 30 克。

调料

盐 1 克，黑胡椒碎适量。

营养 Tips

奶酪烘蛋汉堡很简单，搭配食材很随性，什么蔬菜都可以放，加上软嫩的鸡蛋和浓香的奶酪，营养丰富、味道好。

1 开始做时先预热烤箱，省时。各类食材可在前一晚准备好，第二天一早打个蛋，接着放入烤箱就行了。

2 面包放在烤网上烤，相比放在烤盘里更耐烤。也就是说，同样的时间，放烤盘容易焦煳，而烤网则不会。也可在烤网上垫一张油布或油纸。

做法

1 胡萝卜、青椒洗净，切粒；奶酪切粒。

2 圆面包用刀切开（注意切的时候上半部分少留一些，下半部分多留一些），用小勺挖出内瓤。

3 面包中间放入胡萝卜粒、青椒粒、奶酪粒，打入一个鸡蛋。

4 撒黑胡椒碎、盐。

5 放到烤网上，预热烤箱 180℃，上下火，中层，烘烤 8 分钟即可。

鸡蛋番茄汉堡

食材

面包、鸡蛋、番茄各 2 个，奶酪片 2 片，生菜叶适量。

调料

沙拉酱适量。

营养 Tips

很多人认为汉堡经过油炸，热量高、脂肪多、没营养，是垃圾食品。其实不然，汉堡里的肉不一定都要油炸，可以通过水煮、烘焙等方式。也不一定非要夹肉，蔬菜水果都可以。汉堡里的面包补充了碳水化合物，肉类补充了蛋白质，蔬果补充了维生素和矿物质，所以只要稍稍用心，汉堡也是营养均衡的食物。

做法

1 鸡蛋打入锅中，煎熟。

2 面包横切两片，底片上放洗净的生菜叶、奶酪片、煎鸡蛋、切好的番茄片。

3 抹上沙拉酱。

4 再放上生菜叶，盖上面包底片即可。

蔬菜和酱料可依自己喜好选择和搭配。

鱼子酱火腿汉堡

食材

面包 2 个，火腿片 4 片，奶酪片 2 片，小番茄 3 个，生菜叶适量。

调料

鱼子酱适量。

营养 Tips

鱼子酱火腿汉堡，搭配了火腿、奶酪片、蔬菜，涂抹上鱼子酱，含有丰富的营养。对于女性来说，可增加皮肤弹性，保持皮肤光滑。

鱼子酱可换成自己喜欢的各种酱料。

做法

1 面包横切两片，在底片放上洗净的生菜叶、火腿片、奶酪片。

2 抹上鱼子酱。

3 再铺上生菜叶、切好的小番茄片。

4 盖上面包顶片即可。

比萨意面的华丽变身

9款

奶酪蛋比萨

食材

鸡蛋2个，早餐肠2根，洋葱、红甜椒、青甜椒各半个，奶酪片 2片。

调料

盐1克，番茄沙司、黑胡椒碎各适量。

营养 Tips

奶酪蛋比萨是惊艳全家的早餐，做法简单，味道却极好。以蛋白质为主的肉、蛋，以维生素为主的蔬菜，以钙为主的奶制品，带给身体必需的营养。

画重点

1 且记，鸡蛋一定要打散，不然会在微波炉里爆炸。

2 这里用的是奶酪片，不会像马苏里拉奶酪那样完全渗入食材内部，也可用马苏里拉奶酪来做。

3 可以烤：180℃烤 10~15 分钟。可以蒸：加个盖子，蒸 10 分钟左右即可。

做法

1 鸡蛋加盐打散。

2 早餐肠切厚片，铺在烤碗底部。

3 洋葱、甜椒洗净后切丝，放在早餐肠上。

4 加入蛋液，挤上番茄沙司，撒上黑胡椒碎。

5 铺上奶酪片后放入微波炉，先高火 3 分钟，然后转中火 2 分钟。

彩虹薄底比萨

（10 寸比萨盘 1 个）

饼皮

高筋面粉 100 克，酵母 2 克，橄榄油、白糖各 10 克，盐 1 克，水 58 克。

馅料

胡萝卜、紫胡萝卜、紫洋葱各 30 克，玉米粒 40 克，小番茄 50 克，口蘑 2 个，马苏里拉奶酪 80 克。

调料

比萨酱或番茄酱适量。

营养 Tips

彩虹比萨没有肉，全素，为了搭配颜色，用到了多种蔬菜，调味完全靠比萨酱，所以味道会略显清淡。这是一款多纤少脂的比萨，很健康。

做法

1 将高筋面粉、酵母、橄榄油、白糖、盐、水混合，揉成光滑的面团，冷藏发酵一夜。

2 胡萝卜、紫胡萝卜、玉米粒、小番茄、紫洋葱、口蘑洗净，切丁。

3 早上拿出发酵一夜的面团，擀成圆饼，放入比萨盘中，扎上孔，防止烘烤过程中鼓起。

4 面团上涂番茄酱或比萨酱，撒一层马苏里拉奶酪。

5 各色蔬菜按颜色一行行排起来，最后倒一些橄榄油。烤箱预热 220℃，上下火，中层，烘烤 15 分钟左右即可。

1 先预热烤箱，然后再进行制作，这样可节省时间。

2 早餐比萨，最快捷就是薄脆底的比萨。制做脆底比萨有几个关键：一是比萨面团采用冷藏发酵，第二天早上做，正合适，排气后擀成薄的大圆片。二是馅料尽量选择易熟的食材，只要饼底熟了即可。三是烤箱温度要足够高，才会使饼底外脆内软，一般家用烤箱的温度在 220℃上下浮动。

萨拉米香肠脆底比萨

（10 寸比萨盘 1 个）

饼皮

高筋面粉 95 克，酵母 2 克，温水 55 克，橄榄油、白糖各 8 克，盐 1 克。

馅料

小番茄 6 个，青甜椒 1 个，萨拉米香肠、比萨酱各 30 克，马苏里拉奶酪 50 克，欧芹碎适量。

营养 Tips

意大利的萨拉米香肠是只经过发酵和风干程序腌制的肉肠，经常在比萨上见到它，配上马苏里拉奶酪，烤制后有一种独特的味道，咬上一口就能体会到浓郁的欧洲乡村风味。

这款比萨用的是萨拉米香肠，为了减少口感的油腻，可以搭配洋葱、番茄、甜椒和生菜等解腻吸油的蔬菜。

做法

1 将高筋面粉、酵母、橄榄油、白糖、盐、温水混合，揉成光滑的面团，冷藏发酵一夜。

2 小番茄洗净切片；青甜椒洗净切丝。

3 早上拿出发酵一夜的面团，擀成圆饼，放入比萨盘中，扎上孔，防止烘烤过程中鼓起。

4 面团上涂比萨酱，放上小番茄片和青甜椒丝。

5 撒上马苏里拉奶酪，放上切片的萨拉米香肠和欧芹碎。预热烤箱 200℃，上下火，中层，烘烤 15～20 分钟。

墨西哥饼比萨

食材

墨西哥面饼 1 张，火腿肠 1 根，猕猴桃 1 个，小番茄 6 个。

馅料

马苏里拉奶酪 60 克，无花果酱适量。

营养 Tips

这是一款甜口味的比萨，用无花果酱替代了比萨酱，在薄薄的饼皮上加了小番茄、火腿肠和猕猴桃，可以提供维生素 C、蛋白质和钙质，是一种很健康的吃法。

做法

1 小番茄、猕猴桃洗净，小番茄切片，猕猴桃去皮后切片；火腿肠切片。

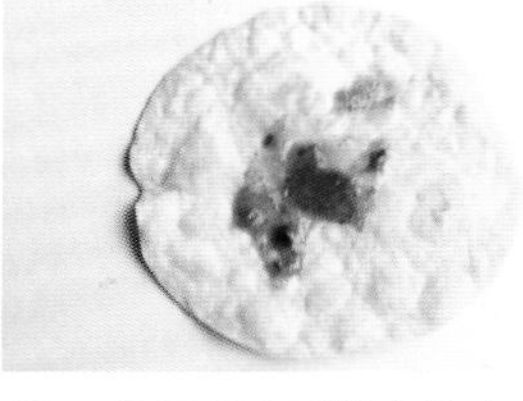

2 墨西哥面饼上均匀地涂抹无花果酱。

3 然后摆上小番茄片、猕猴桃片、火腿肠片。

4 撒上马苏里拉奶酪，放入烤盘，烤箱预热 200℃，上下火，中层，烘烤 8 分钟左右，待马苏里拉奶酪化即可。

1 墨西哥面饼是从超市买的成品，做早餐吃很省时。

2 可根据个人口味选择要放的食材和比萨酱料。

北极虾沙拉意面

食材

贝壳意面 100 克，黄瓜、番茄各 30 克，西芹 20 克，北极虾仁 50 克。

调料

千岛酱、黑胡椒碎各适量。

营养 Tips

一盘蔬菜沙拉意面，搭配了北极虾，北极虾适合制作各种沙拉，与各种蔬果都很搭。北极虾富含不饱和脂肪酸，蔬果富含矿物质和维生素，这款意面美味又营养。

做法

1 贝壳意面放入锅中，煮 7～8 分钟。

2 西芹洗净后切段，放入锅中焯熟。

3 贝壳意面捞入大碗中。

4 黄瓜、番茄洗净，切丁，与西芹段、虾仁一同放入碗中，调入黑胡椒碎和千岛酱，拌匀即可。

画重点

由于北极虾是已经煮熟的，可以将虾解冻即食。蔬菜可依据自己的喜好搭配。

蒜香虾意面

食材

大虾 100 克，意面 200 克，口蘑 4 个。

调料

盐 2 克，大蒜 3 瓣，欧芹 1 根，白朗姆酒 20 克，黑胡椒、橄榄油各适量。

营养 Tips

蒜香虾，是意大利菜中经典的海鲜烹饪，材料简单，做法简易，味道鲜美。

蒜香虾意面中的虾营养丰富，肉质松软，易消化。虾含有丰富的镁和硒，有助于保护心血管系统。

1 煮面时水要宽，煮出的面不易糊，不粘团。

2 准备一只汤锅和一只炒锅同时开动，汤锅煮面，炒锅做酱料，7～8 分钟即可上桌。

做法

1 先把一锅加盐的水煮沸，下意面，开始煮时不断搅拌，以防粘在一起。按包装上建议时间煮即可，注意提前 1 分钟左右捞出。

2 煮面过程中，把大蒜、欧芹切碎，口蘑切片。

3 大虾洗净，去壳及虾线。

4 锅中放入橄榄油，放入虾仁煸炒至变色，盛出备用。

5 下蒜碎、欧芹碎炒香。

6 放入口蘑炒软，加入盐、黑胡椒、白朗姆酒调味。

7 将意面、虾仁放入锅中翻炒，撒欧芹碎再次调味，即可出锅装盘。

蛤蜊意面

食材

蛤蜊 400 克，意面 150 克。

调料

橄榄油 15 克，大蒜 3 瓣，白葡萄酒 120 克，小红辣椒 2 个，欧芹 1 根，盐 2 克，牛奶 50 克，现磨黑胡椒适量。

营养 Tips

蛤蜊肉质鲜美，其富含优质蛋白质、锌、低脂。这款意面能为人补充上午工作学习所需的热量，可增强耐力和记忆力。

画重点

1 煮面的同时可炒制蛤蜊。

2 意面预先根据包装指示时间煮面，煮的时间可以减少 2 分钟，后面还要与蛤蜊一起炒。

3 欧芹可用香菜替代。没有白葡萄酒也可以不放。

做法

1 蛤蜊预先泡盐水，可在头天晚上泡上，以吐净泥沙。

2 先把一锅加盐的水煮沸，下意面，开始煮时不断搅拌，以防粘连一起。

3 煮面过程中，把大蒜、小红辣椒切片，欧芹切碎。

4 锅烧热，倒入橄榄油，放蒜片和红辣椒片炒香。

5 放入蛤蜊，倒入白葡萄酒、牛奶、黑胡椒，盖上锅盖。等到蛤蜊张口后，打开锅盖。

6 将煮好的意面放锅里，与蛤蜊一同翻炒，让面条吸收汤汁后出锅，撒欧芹碎即可上桌。

芝麻菜青酱意面

食材

意面200克，芝麻菜130克，生核桃仁、瑞士大孔奶酪各60克。

调料

橄榄油 30 克，去皮大蒜 7 瓣，海盐、黑胡椒碎各适量。

营养 Tips

芝麻菜因咀嚼后会散发浓郁的芝麻香味而得名，其实它和芝麻没有一点关系。拌沙拉时加几片，或在烤好的比萨饼上撒十几片，也可以在早餐三明治里夹几片。

做法

1 部分大蒜和生核桃仁平铺在烤盘内，放入烤箱，160℃烤10分钟。

2 芝麻菜洗净，沥干备用。

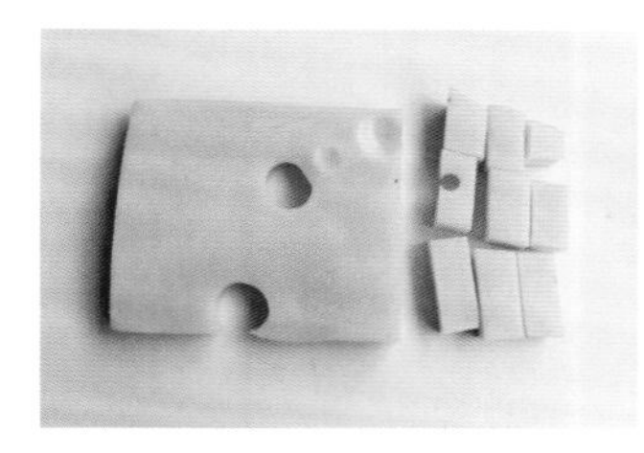

3 瑞士大孔奶酪切成小块。

4 将芝麻菜、剩下的大蒜、奶酪、橄榄油和烤过的核桃仁、大蒜放入破壁机杯中，完全搅拌均匀。

5 搅拌成细腻的芝麻菜青酱，倒出，撒上适量海盐和黑胡椒碎。

6 汤锅内加水，撒一勺海盐，放入意面，大火煮沸后转中火继续煮7～8分钟。将煮好的意面捞出，沥干水分，拌入芝麻菜青酱即可。

芝麻菜青酱可提前做出来，放进密封罐内，可冷藏储存1周，做意面的时候用来拌面别有一番风味，可以吃出清新爽口的春日气息。

茄汁培根意面

食材

贝壳意面 200 克，番茄 1 个，芦笋 3 根，培根 2 片，洋葱半个。

调料

番茄沙司 30 克，盐 2 克，白糖 5 克，黑胡椒粉适量。

营养 Tips

茄汁培根意面，以番茄为主，番茄中含有维生素 C、芦丁、番茄红素及果酸，能促进消化，搭配芦笋和洋葱，可降低胆固醇，预防动脉粥样硬化及冠心病。

做法

1 汤锅烧开一锅水，水里加 2 勺盐。水沸后放入意面。

2 番茄、洋葱洗净切块，芦笋、培根洗净切段。

3 用不粘锅将培根煎至香酥出油。

4 倒入番茄、洋葱、芦笋，利用煎出的油炒匀。

5 待番茄炒软后添小半碗水，加入适量番茄沙司、黑胡椒粉翻炒至熟。

6 意面酱熬好关火。将煮好的意面捞出沥干，倒入意面酱中翻拌，使得酱汁完全吸附在意面上即可。

煮面的同时可以炒酱，面煮好了，酱也炒好了，混合拌一下就能上桌了。

低卡沙拉的
轻食诱惑
5款

芦笋萨拉米肠沙拉

食材

芦笋 200 克，萨拉米香肠 8 片，小番茄 2 个、熟鸡蛋 1 个，玉米笋 50 克。

调料

法式黄芥末酱 10 克，意大利黑醋 15 克，橄榄油 3 克，蜂蜜 5 克，盐 2 克。

营养 Tips

芦笋富含维生素，鸡蛋富含蛋白质和卵磷脂，萨拉米香肠可提供热量。这款沙拉清爽、营养。

画重点

鸡蛋可提前煮熟。嫌麻烦，酱汁可直接用沙拉酱。

做法

1 沸水中加少许油和盐，焯烫芦笋、玉米笋 2 分钟，沥水冷却。

2 芦笋、玉米笋、小番茄、萨拉米香肠、切块的熟鸡蛋放入沙拉碗中。

3 盐、蜂蜜、法式黄芥末酱、意大利黑醋、橄榄油放入调料碗中拌匀。

4 倒入小瓶中，摇晃至乳化成酱汁。

5 将酱汁倒入沙拉碗中拌匀即可。

北极虾抱子甘蓝沙拉

食材

抱子甘蓝 15 个，北极虾 10 只，小金橘 3 个，香椿苗 20 克，柠檬半个。

调料

橄榄油 5 克，红葡萄酒醋 20 克，海盐 2 克，白糖 3 克，现磨黑胡椒适量。

营养 Tips

抱子甘蓝，性凉，有补肾壮骨、健胃通络之功效，其含有硫化物有抗癌作用。

没有红葡萄酒醋，可用苹果醋代替。

做法

1 将抱子甘蓝洗净，去掉根部和硬皮，切开；小金橘洗净，切开；香椿苗去根，洗净。

2 抱子甘蓝放入锅中，焯 1 分钟左右，熟透捞出。

3 北极虾去皮。

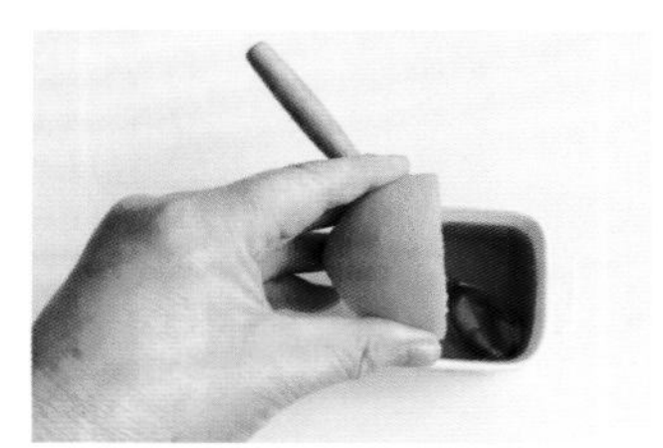

4 橄榄油、红葡萄酒醋、海盐、白糖放入碗中，挤入柠檬汁，调成料汁。

5 将所有食材放入碗中，倒入料汁。

6 撒入现磨黑胡椒，拌匀即可。

烟熏三文鱼沙拉

食材

烟熏三文鱼切片 5 片，柠檬 1 个，生菜叶、紫甘蓝叶各 1 片，嫩黄瓜 1 根，小番茄 5 个，苦菊半棵，樱桃萝卜 2 个。

调料

橄榄油 3 克，芥末酱、苹果醋各 10 克，白糖 5 克，现磨黑胡椒适量。

营养 Tips

三文鱼富含优质脂肪酸，有助于改善大脑功能、促进视力发育。

做法

1 生菜叶、嫩黄瓜、小番茄、苦菊、樱桃萝卜、紫甘蓝叶清洗干净，加少许盐浸泡 15 分钟。

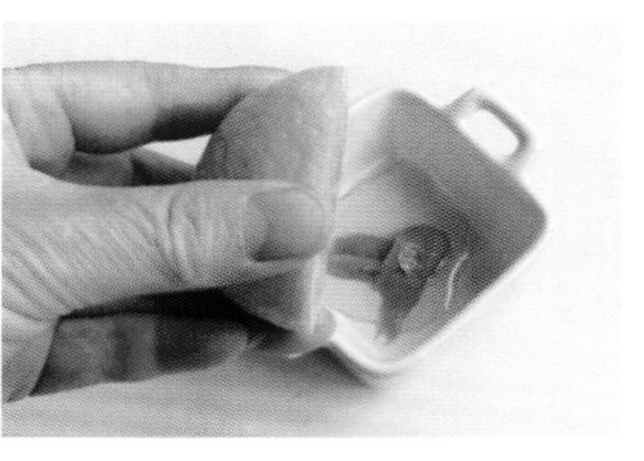

2 倒入橄榄油、芥末酱、白糖、苹果醋，挤入柠檬汁，搅拌均匀制成沙拉酱汁。

3 小番茄、樱桃萝卜、嫩黄瓜切片，紫甘蓝切丝，与苦菊一起放入大碗中。

4 放入部分烟熏三文鱼片，磨上黑胡椒，拌匀，用生菜叶当碗，盛入拌好的沙拉，剩余的烟熏三文鱼做成一朵花放入盘中，上桌蘸沙拉酱汁即可。

1 烟熏三文鱼超市、网上都可买到，一般是即食的，可以直接吃。如果不放心，可以煎一下再食用。

2 烟熏三文鱼经过腌制处理，含有盐，可不放盐。

牛油果鲜虾沙拉

食材

樱桃萝卜 3 个，黄瓜 1 根，香菜 1 棵，牛油果 2 个，鲜虾 4 只，柠檬 1 个。

调料

酸奶 50 克。

营养 Tips

牛油果又名鳄梨，果实中含有丰富的蛋白质和优质脂肪。味道也很独特，有淡淡的香味，果肉柔软，似奶酪，口感绵密细腻。

画重点

蔬菜与调味料可以依自己的喜好搭配。

做法

1 樱桃萝卜、黄瓜洗净切丝；香菜洗净切段。

2 鲜虾煮熟，凉凉备用。

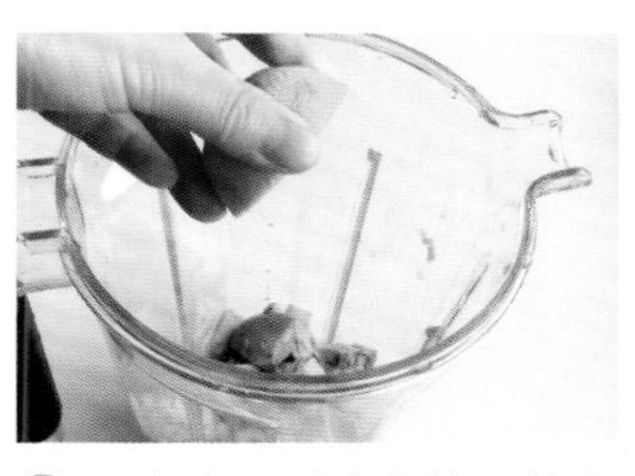

3 牛油果剥皮去核，放入果汁机中，倒入酸奶，挤入柠檬汁，搅拌成泥。

4 制成牛油果沙拉酱。

5 取高脚杯，放入黄瓜丝、萝卜丝、香菜段，上面放牛油果沙拉酱，放上鲜虾即可。

库巴式风干火腿
秋葵沙拉

食材

秋葵 400 克，小番茄 5 个，苦菊 1 棵，库巴式风干火腿 5 片，柠檬半个。

调料

意大利黑醋 15 克，红葡萄酒 10 克，橄榄油 5 克，盐 1 克，白糖 3 克，现磨黑胡椒适量。

营养 Tips

库巴式风干火腿，很薄的火腿切片，鲜红色瘦肉薄片里夹杂着白色脂肪，红白相间，略带咸味。库巴式风干火腿搭配秋葵，加入了意大利黑醋，酸中带甜，非常清爽，简单却不失美味。

库巴式风干火腿超市有售，也可换成其他肉类制品。调料也可选用各种沙拉酱，更方便。

做法

1 秋葵焯熟捞出，凉凉。

2 苦菊洗净，切段；小番茄洗净，切块；秋葵切段。

3 意大利黑醋、红葡萄酒、橄榄油、盐、白糖放入碗中，磨上黑胡椒。

4 挤入柠檬汁，制成料汁。

5 秋葵、小番茄、苦菊放入碗中，放入库巴式风干火腿。

6 调入料汁拌匀即可。

第四章

早餐套餐

私人订制

14款

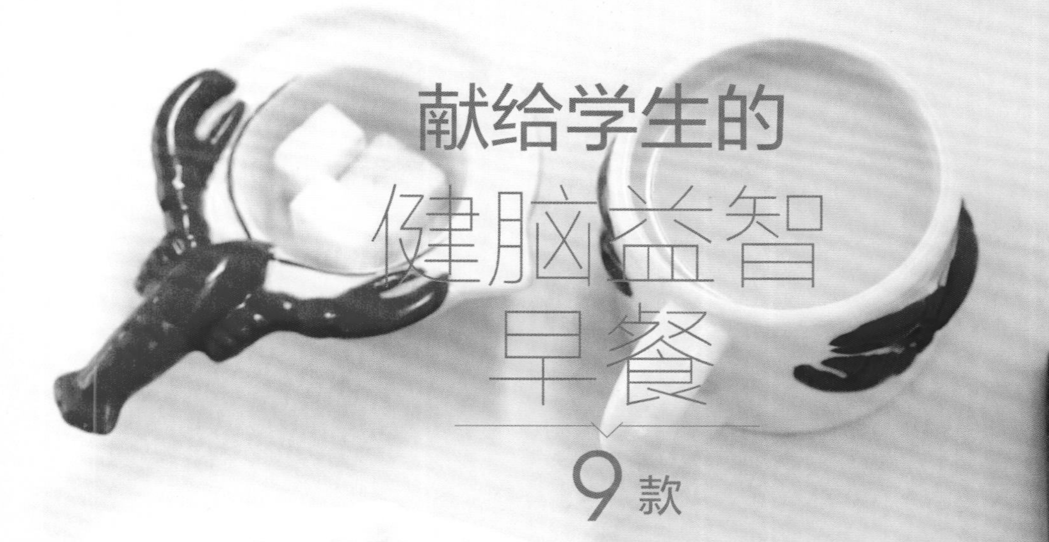

献给学生的健脑益智早餐

9款

蒜香面包片+菊苣沙拉

营养Tips

蒜香面包片，西餐中最常见的吃法，用法棍面包制成蒜香面包片，或烘烤成面包干，外酥内软，嚼起来脆脆的，非常香。

蒜香面包片

食材

面包 6 片。

调料

无盐黄油、香葱末各 10 克，蒜末 20 克，盐、黑胡椒碎各适量。

画重点

1 香葱、大蒜一定要捣碎，没有压蒜器，可用刀背来剁。

2 咸淡可按自己口味来调，略带咸味儿即可。最好使用纯正的黄油，尽量不使用人造黄油。

做法

1 无盐黄油化成液体，将香葱末、蒜末放入黄油中。

2 用勺子搅拌均匀，加入盐和黑胡椒碎，即为蒜油汁。

3 将调好的蒜油汁涂在面包片上，两面都要涂抹。

4 预热烤箱 180℃，将面包片放进烤箱，上下火，中层，烘烤 10 分钟左右。

菊苣沙拉

食材

菊苣 1 棵，黄瓜 1 根，小番茄 4 个，苦菊 30 克，熟鸡蛋 1 个。

调料

千岛酱适量。

鸡蛋可提前煮熟。

做法

1 菊苣去根，洗净，分成一片一片备用。

2 黄瓜、小番茄洗净，切片；苦菊洗净，与黄瓜、小番茄一起放入碗中。

3 放入菊苣。

4 调入千岛酱拌匀，放上切开的熟鸡蛋即可。

2 吐司蔓越莓烤布丁+奶香玉米汁

营养 Tips

把牛奶、鸡蛋、吐司融合这么美味的，当属这款吐司蔓越莓烤布丁了。用它当早餐，营养足够，也可作为下午茶。

奶香玉米汁，不但有粗粮，还有牛奶。玉米含有丰富的营养，但是对于孩子和老人来说，整粒玉米可能不太好消化，打成玉米汁，口感好，易吸收。

吐司蔓越莓烤布丁

食材

吐司2片，蔓越莓干15克，牛奶200克，鸡蛋1个，玉米粒20克。

调料

白糖10克。

画重点

这个烤碗铺了2层，烤15分钟左右，铺一层的话，10分钟就可搞定。

做法

1 牛奶、鸡蛋、白糖混合后，搅打均匀。

2 吐司切成小块，在烤碗中铺一层吐司块。

3 撒上玉米粒。

4 再铺一层吐司块，撒上蔓越莓干，慢慢倒入蛋奶液。预热烤箱200℃，上下火，中层，烤15分钟左右即可。

奶香玉米汁

食材

甜玉米400克，炼奶50克，牛奶100克。

画重点

1 玉米粒一定要煮透，否则榨出来的玉米汁会渣水分离。

2 玉米汁可提前做出来，放冰箱冷藏，早上加热一下就可以了。

做法

1 将玉米粒倒入锅中，加入清水大火煮开，撇掉浮沫，转小火煮熟。

2 将煮过的玉米粒连同煮汤倒入搅拌机中，一般3勺玉米粒搭配4勺汤。

3 玉米搅打呈蓉状后，用漏网过筛，滤出玉米汁。

4 在玉米汁里加入牛奶、炼奶，搅匀即可。

3 金枪鱼黄瓜三明治 + 香蕉咖啡奶昔

营养 Tips

金枪鱼三明治做起来简单快捷，非常适合当早餐。而且金枪鱼低脂低热，富含蛋白质和 DHA，有利于大脑和神经系统发育，可提高记忆力。

金枪鱼黄瓜三明治

食材

吐司片 6 片，金枪鱼罐头 1 盒，黄瓜 1 根。

调料

沙拉酱适量。

画重点

吐司片也可以煎一下，或在多士炉里烤一下，口感更酥脆。

做法

1 金枪鱼罐头取出，加入沙拉酱，搅拌均匀。

2 取一片吐司片，抹上一层厚厚的金枪鱼沙拉酱。

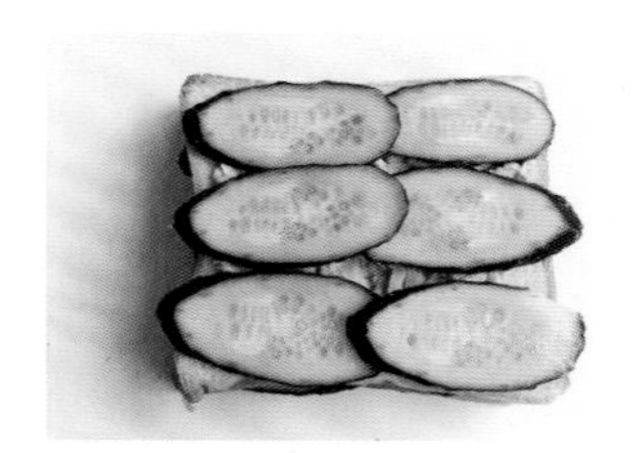

3 上面铺一层切片的黄瓜，再取一片吐司片，上面抹上一层厚厚的金枪鱼沙拉酱，再铺黄瓜片，最后盖上一片吐司片即可。

香蕉咖啡奶昔

食材

香蕉 2 根，牛奶 200 克，速溶咖啡 1 包。

画重点

一定要选熟透的香蕉，否则口感不佳，还不利于消化。

做法

1 香蕉、牛奶放入榨汁机中。

2 倒入速溶咖啡。

3 打成汁即可。

4 午餐肉汉堡+肉桂苹果奶茶

营养 Tips

午餐肉肉质细腻，富含蛋白质、脂肪、烟酸等，把午餐肉切成片，用来夹面包，配上蔬菜，就是一顿好吃又营养的早餐。搭配一杯香甜的肉桂苹果奶茶，满满的幸福感。

午餐肉汉堡

食材

面包 1 个，午餐肉半盒，生菜叶 6 片，小番茄 3 个，苦菊半棵。

调料

沙拉酱适量。

所有食材可提前备好，放冰箱保鲜。

做法

1 面包切开，放上洗净的生菜叶、切片的午餐肉，抹上沙拉酱。

2 再放上一层生菜叶、午餐肉、切片的小番茄、苦菊，盖上另一片面包即可。

肉桂苹果奶茶

食材

三花淡奶 300 克，红茶、肉桂粉各 5 克，苹果 1 个。

调料

方糖适量。

没有淡奶可用牛奶。

做法

1 取直饮矿物质开水 200 毫升。

2 红茶放入茶壶中，加入水冲泡 30 秒，倒掉，洗茶。

3 苹果洗净后切片，与肉桂粉一起放入茶壶中。

4 再次冲入矿物质水，泡 5 分钟。

5 倒出茶汁，加入三花淡奶。

6 放入方糖调匀即可。

5 吐司奶酪火腿卷+水果酸奶沙拉

营养 Tips

快手又美味的吐司奶酪火腿卷，外表酥软，内里爆浆，以奶香味十足、时间制作短的优势成为早餐党的新宠。搭配水果沙拉，补充营养的同时又能解腻。

吐司奶酪火腿卷

食材

吐司片、奶酪片各 4 片，
火腿肠 2 根，鸡蛋 1 个。

画重点

最重要的是火候，要控制好，
小火慢慢煎。

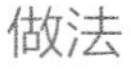

做法

1 吐司切掉四周的边，用擀面杖将吐司压扁。

2 先把一片奶酪片铺在正中间，放上火腿肠，卷成卷。

3 用浅口盘子将鸡蛋打成鸡蛋液，将吐司卷全裹上鸡蛋液。

4 小火少油煎，保持小火多煎一会儿至奶酪化，切开就是酱爆的感觉。

水果酸奶沙拉

食材

苹果、猕猴桃、芒果、火龙果各半个。

调料

老酸奶 1 盒。

也可撒上点坚果，更美味、更营养。

做法

苹果、猕猴桃、芒果、火龙果去皮，切丁，放入碗中，调入老酸奶拌匀即可。

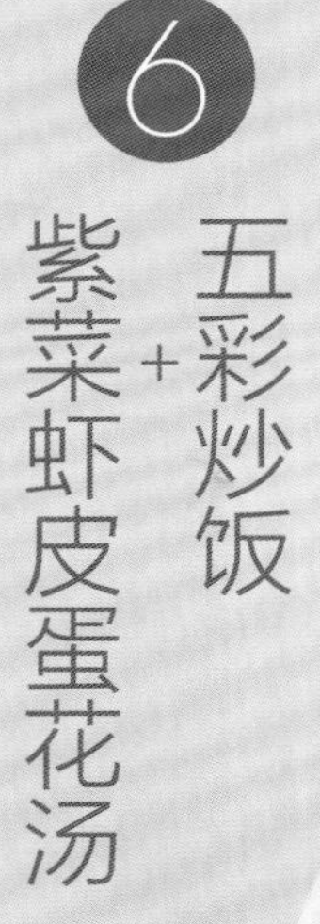

6 五彩炒饭＋紫菜虾皮蛋花汤

营养 Tips

这道五颜六色的炒饭，有橙色的胡萝卜、红色的甜椒、绿色的黄瓜、紫色的洋葱、黄色的鸡蛋，好看又好吃，诱人食欲。搭配开锅就熟的紫菜虾皮蛋花汤，就是一顿丰盛的早餐。

五彩炒饭

食材

鸡蛋 1 个，米饭 1 碗，洋葱半个，胡萝卜、红甜椒、黄瓜各 30 克。

调料

盐 2 克。

画重点

食材可以选家里有的，即使没有“ 五彩”，多种食材搭配，营养也很丰富。

做法

1 鸡蛋打散，洋葱、胡萝卜、红甜椒、黄瓜洗净、切丁。

2 锅中放油，下鸡蛋液炒熟，用铲子打散，盛出。

3 锅中放少许油，下洋葱、胡萝卜、红甜椒、黄瓜炒至断生，加盐调味。

4 将米饭、鸡蛋倒入锅中，炒至米饭热透即可出锅。

紫菜虾皮蛋花汤

食材

鸡蛋 1 个，虾皮 20 克，紫菜 3 克。

调料

生抽少许，盐 2 克，香葱末 5 克，香油适量。

画重点

虾皮可用海米代替，海米事先用温水泡发，或用葱花爆香。

做法

1 虾皮洗净，鸡蛋打散。

2 锅中倒入直饮矿物质水，放入紫菜、虾皮煮沸。

3 淋入蛋液，调入生抽、盐、香油。

4 撒入香葱末即可关火。

营养 Tips

蔬菜炒面既有蔬菜，又有鸡蛋，面条根根分明，满足一上午的营养需求。再用豆浆机的预约功能做一份豆浆，开启元气满满的一天。

蔬菜炒面

食材

鲜面条 200 克，圆白菜 300 克。

调料

葱花、蚝油、酱油各 5 克，盐 2 克，香油少许。

画重点

面条不要煮得太熟，八成熟即可，沥干水分拌入香油和酱油，这样既调味，炒的时间又不会粘锅。

做法

1 圆白菜洗净，切丝。

2 汤锅加水，烧开后下入面条，再次烧开续煮至面条八成熟。

3 面条捞出过凉，沥干水分，拌入香油、酱油待用。

4 锅中放油，煎熟鸡蛋，盛出。

5 炒锅放油，烧热后下入葱花炒出香味，放入圆白菜炒软，调入盐、蚝油炒匀。

6 放入面条拌匀即可出锅。

豌豆雪梨豆浆

食材

豌豆 40 克，杏仁 10 克，雪梨 1 个。

使用的是预约功能，早晨即可享用美味豆浆了。

做法

1 豌豆洗净；雪梨去皮、核，切块。

2 将豌豆、雪梨、杏仁放入豆浆机中，加适量水，按下预约键，设定好时间，打成豆浆。

银鱼干蛋饼+番茄蛋花汤

营养 Tips

银鱼干因为经过脱水处理，所以更容易保存。银鱼干既可以烧汤，又可以做菜，非常美味。银鱼干营养价值很高，高蛋白低脂肪，很适合小朋友补钙。银鱼干蛋饼没有添加蔬菜，可以搭配一碗番茄蛋花汤，营养美味。

银鱼干蛋饼

食材

银鱼干 30 克，鸡蛋 2 个。

调料

香葱末 15 克，盐 1 克，白胡椒粉适量。

画重点

1 银鱼干提前洗净泡软。

2 煎蛋饼时火候不宜大，小火到微火的状态。这样煎出来的蛋饼色泽均匀，也容易熟透。

做法

1 银鱼干洗净，提前泡软。

2 鸡蛋打入银鱼干中，放入香葱末、盐、白胡椒粉和少许清水，搅拌均匀。

3 平底锅中放入油，倒入银鱼干鸡蛋液，小火煎至蛋饼渐渐定型且表面凝固。

4 将蛋饼翻面，继续煎约 1 分钟，至表面呈金黄色，关火。

番茄蛋花汤

食材

番茄、鸡蛋各 1 个。

调料

香葱末 5 克，盐 2 克，淀粉 3 克，香油适量。

画重点

番茄用刀交叉划上两道，然后用开水烫皮，时间只需12秒左右，然后去掉皮。

做法

1 番茄洗净去皮，切成片或块；鸡蛋打入碗中。

2 锅中加入矿物质水，放入番茄煮至软烂，淋入蛋液。

3 淀粉加少许清水调匀，倒入锅中勾芡。

4 撒香葱末，淋入香油即可关火。

洋葱圈蛋饼+莲子红豆米糊

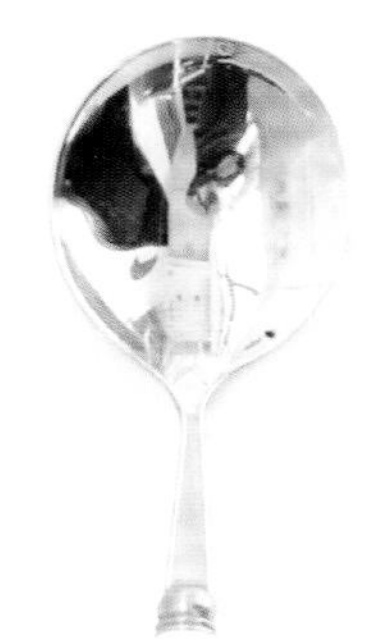

营养 Tips

早餐不知道吃什么的时候，可以做一次这种蛋饼，各种蔬菜切丁，加鸡蛋和调料，倒入洋葱圈里煎熟，适合让不爱吃蔬菜的孩子尝试一下。蔬菜不需要提前焯水，只要切碎一点就很容易熟了。

洋葱圈蛋饼

食材

鸡蛋 2 个，火腿、胡萝卜、紫胡萝卜、青椒各 30 克，洋葱半个。

调料

玉米淀粉 10 克，盐 2 克，白胡椒粉适量。

画重点

这里的蔬菜可以自行搭配，依照多样、多色的原则即可。

做法

1 胡萝卜、紫胡萝卜、青椒洗净，切丁。

2 鸡蛋打入碗中，火腿切粒后放入碗中，再放入各种蔬菜丁。

3 调入玉米淀粉、盐、白胡椒粉搅拌均匀。

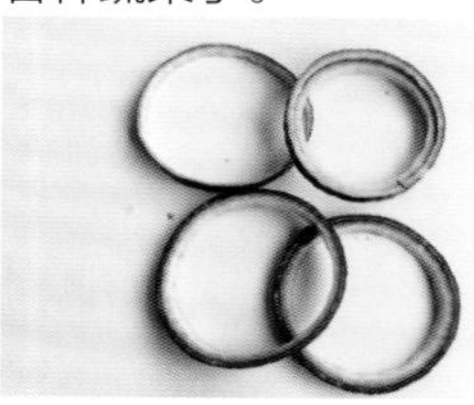

4 洋葱切圈。

5 锅底倒一点油，放入洋葱圈，用勺子把蔬菜蛋糊舀入洋葱圈内。

6 凝固后翻面煎熟即可。

莲子红豆米糊

食材

莲子 30 克，红豆 15 克，糯米 20 克。

调料

冰糖适量。

画重点

也可调入蜂蜜或白糖。

做法

1 莲子、红豆、糯米分别洗净。

2 取直饮矿物质水 1000 毫升。

3 将莲子、红豆、糯米放入豆浆机中，加入适量矿物质水，按下预约键，设定好时间打成米糊。食用前调入冰糖即可。

为全家人准备的早餐拼盘 5款

热烤奶酪手撕面包 / 咖啡奶茶 / 青木瓜沙拉 / 蓝莓山药杯

食材

全麦欧包 1 个，马苏里拉奶酪碎 100 克。

调料

黄油 15 克，蒜末 10 克，盐、黑胡椒碎各少许，欧芹碎 8 克。

营养 Tips

吃剩变干的面包千万不要丢掉，在面包上交错划上几刀，淋上黄油，再塞入奶酪，入烤箱，瞬间就是一款麦皮金黄，外焦里嫩的美味面包。

1 没有欧芹可用香菜替代，没有也可不放。

2 欧芹也可提前撒上，和面包一起烘烤。

做法

1 刀斜切面包，相距 2 厘米左右，再交叉切，注意底部不要切断。

2 黄油放入微波炉中化开，或者隔热水化开；蒜末、盐、黑胡椒碎放入黄油中拌匀。

3 往面包缝隙中淋入调好的黄油汁。

4 再塞入马苏里拉奶酪碎。

5 将面包放入烤盘，用锡纸包好。烤箱预热至 180℃，放入烤盘，上下火，中层，烤 10 分钟左右，直至奶酪基本化开，取出。将欧芹碎撒在面包上即可。

咖啡奶茶

食材

牛奶 240 克，咖啡粉 20 克。

调料

方糖适量。

营养 Tips

咖啡奶茶，咖啡的醇厚与牛奶的香醇结合在一起，很多人都喜欢它。一杯入口，提神又醒脑。

做法

1 咖啡粉放入茶包中。

2 将茶包放入养生壶中，煮开 5 分钟。

3 倒入牛奶，再煮半分钟，然后倒出。

4 放入方糖拌匀即可。

画重点

1 最最懒人的做法，就是用速溶咖啡来做，开水冲泡，加牛奶就好。

2 方糖可用白糖代替。

青木瓜沙拉

食材

青木瓜、柠檬各半个，小番茄3个，熟花生碎20克，北极虾50克，豇豆2根。

调料

鱼露30克，大蒜3瓣，小米椒2个，红糖或椰糖3克，香菜段10克。

营养Tips

青木瓜含有的木瓜酶有助于分解蛋白质、脂肪，可促进消化、开胃健脾。

画重点

1 没有北极虾可用海米替代。

2 鱼露有咸味，可以不用放盐调味。

做法

1 青木瓜去皮及子，刨丝，泡入冰水中，捞出沥干，放入碗内。

2 小番茄洗净，切块；豇豆洗净切段，放入沸水中焯熟，捞入。将小番茄，豇豆、去皮的北极虾和熟花生碎一起放入装有青木瓜的碗中。

3 将大蒜、小米椒一起捣成泥。

4 将蒜泥、小米椒泥倒入小碗中，挤入柠檬汁。

5 加入鱼露、红糖或椰糖调成料汁，将料汁倒入装有青木瓜的碗中，拌匀即可。

蓝莓山药杯

食材

铁棍山药 2 根，蓝莓 150 克
原味酸奶 200 克。

营养 Tips

蓝莓富含花青素，有抗癌、抗氧化的作用；山药味甘、性平，具有健脾补肺、益胃补肾、延年益寿的功效。

做法

1 山药去皮，切小丁，放入锅中煮熟。

2 蓝莓洗净，放入料理机中，加矿物质水打成泥。

3 山药丁放入杯中，调入酸奶。

4 淋上蓝莓泥，放入几粒蓝莓装饰即可。

也可用蜂蜜代替酸奶，冷藏一下口感更好。

啤酒香菇酱拌面 / 芍药花豆浆 / 香菜鹅蛋羹 / 香芹花生芽

啤酒香菇酱拌面

食材

猪肉末150克，鲜香菇3朵，五香花生米100克，啤酒1听，黄瓜1根，面条400克。

调料

干黄酱50克，葱末、姜末各适量。

营养Tips

啤酒香菇酱拌面，啤酒与干黄酱混合炒制后会散发一种特殊的醇香。出锅时撒上一把熟花生碎，更增添酱的浓郁鲜香。

啤酒香菇酱可提前做出来，放冰箱冷藏，能存放1个月，拌面、拌饭、卷饼都超棒。

做法

1 干黄酱中倒入啤酒，慢慢调成稀酱汁。

2 香菇洗净，切末；花生米压成粗粒。

3 锅中放油，下葱末、姜末炒香，再放入猪肉末炒香。

4 放入香菇末翻炒，倒入剩下的啤酒，再放入调好的酱汁，炒出酱香味。

5 出锅时撒入花生粒即为啤酒香菇酱。

6 汤锅中加水，烧开后放入面条煮熟，捞出过凉，放入面条、黄瓜丝、啤酒香菇酱即可食用。

芍药花豆浆

食材

芍药花 10 朵，黄豆 30 克。

调料

冰糖 10 克。

营养 Tips

芍药花有养血敛阴的作用，多用于妇科古方。

做法

1 黄豆洗净。

2 芍药花去掉花蒂只留花瓣。

3 豆浆机中倒入黄豆，再放入花瓣，加入适量矿物质水。按下预约键，设定好时间煮制豆浆。

4 早上把打好的豆浆过滤一下，调入冰糖即可。

芍药花也可搭配其他豆子和粗粮，演绎出不一样的风情。

香菜鹅蛋羹

食材

鹅蛋 2 个，香菜末 15 克。

调料

盐 2 克，料酒 6 克，生抽、香油各适量。

营养 Tips

鹅蛋偏油，香菜能解腻、助消化；鹅蛋补气，香菜通气。二者搭配补而不滞，消化功能不好的人也可以吃。

加凉白开，蒸出的鹅蛋会更嫩滑。

做法

1 将鹅蛋打入碗中，加盐，再按 1∶1 加入凉白开。

2 打成蛋液，加料酒，搅拌均匀，过滤到蒸碗中。

3 用大火烧水，水开后放入蒸碗，蒸大约 8 分钟至熟。

4 改用小火，加入香菜末后蒸 2 分钟。出锅，淋生抽、香油即可。

香芹花生芽

食材

花生芽300克，香芹2棵，青尖椒、红尖椒各2个。

调料

盐2克，生抽10克，香葱末适量，花椒少许。

营养Tips

花生芽富含B族维生素和维生素C，有抗氧化、促食的作用。

一定要人工发芽的花生才营养健康，花生自然受潮或霉变发芽有毒，不能食用。

做法

1 花生芽去根须，洗净，用手掐成寸段。

2 青尖椒、红尖椒、香芹分别洗净、切丝。

3 锅内倒水，烧开后放一小勺盐，把花生芽焯半分钟左右，捞出沥干。

4 锅烧热倒油，将花椒炸香后捞出丢掉，随后放入香葱末炒香，下香芹丝、尖椒丝翻炒。

5 放入花生芽大火快炒，调入盐、生抽，翻炒均匀即可出锅。

3 饺子皮春饼 / 凉拌土豆丝 / 卤茶叶蛋 / 黑五谷米糊

饺子皮春饼

食材

饺子皮20个，绿豆芽200克，青椒1个，胡萝卜1根。

调料

盐2克。

营养 Tips

新鲜芽菜，如韭菜、蒜苗、豆芽等，包裹在薄如蝉翼的饺子皮做成的春饼皮里，含有人体需要的碳水化合物、维生素及矿物质等营养。

饺子皮是超市里卖的那种，一次可多做些，冷冻在冰箱里，吃的时候加热，卷各种菜很好吃。

做法

1 用小刷子在每个饺子皮上刷薄薄的一层油。

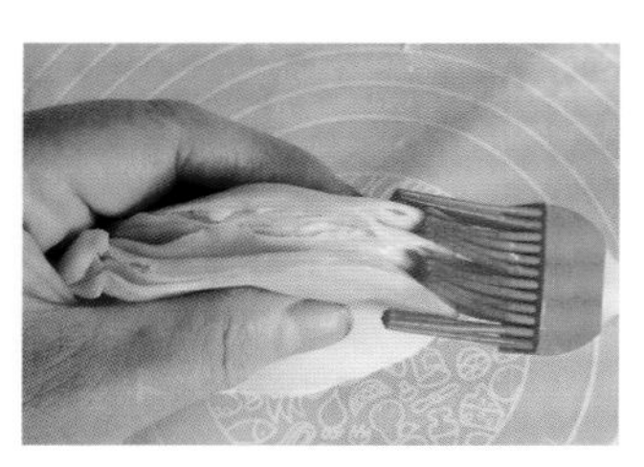

2 一张张摞在一起，摞20张，周边一圈也刷一层薄油（第一次做可以少摞几张）。

3 用擀面杖中间先压几下固定住。

4 再擀开，擀成20厘米左右的圆片即可。

5 水开上锅，蒸10分钟左右。

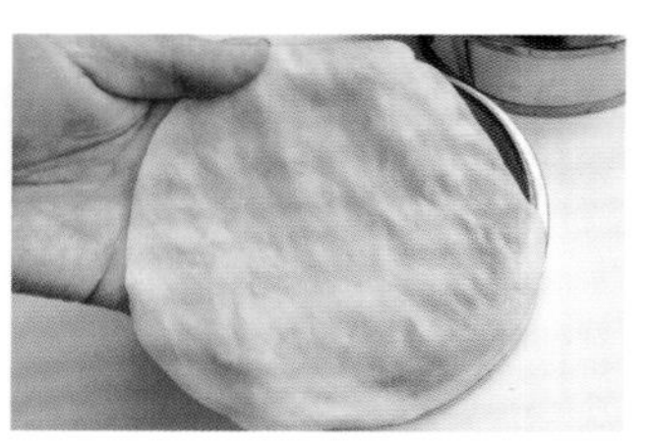

6 出锅后稍凉一下，一张张揭开。

7 绿豆芽洗净；青椒、胡萝卜洗净，切丝。

8 锅中放油，下绿豆芽、青椒、胡萝卜炒熟，调入盐略炒，出锅后用春饼卷好食用。

凉拌土豆丝

食材

土豆、小米椒各 1 个，香菜 1 棵。

调料

白醋 15 克，盐 2 克，辣椒油 5 克，香油适量。

营养 Tips

凉拌土豆丝酸香爽口。土豆含有丰富的维生素 C 和碳水化合物，有促进消化、健脾的作用。

做法

1 土豆去皮，刨成细丝。

2 小米椒、香菜洗净，切段。

3 锅中加水，烧开后放入土豆丝，焯熟后捞出。

4 土豆丝过凉，沥去水分，加小米椒、香菜，调入白醋、盐、香油、辣椒油拌匀即可。

土豆丝爽脆可口的关键就是焯熟后过凉，这步不能省。

卤茶叶蛋

食材

鸡蛋 6 个，桑叶茶 10 克。

调料

大料 1 个，陈皮 1 块，桂皮 2 克，姜 3 片，盐 5 克，生抽 20 克。

营养 Tips

茶中含有茶多酚、氟化物等成分，鸡蛋中则含有丰富的蛋白质、烟酸等。茶叶蛋味道香醇，有开胃、健体的作用。

做法

1 桑叶茶、大料、陈皮、桂皮、姜片一起放入砂锅中，加清水，大火烧开后转小火煮约 3 分钟至汤汁浓郁。

2 放入洗净的鸡蛋，加盐、生抽一起煮约 5 分钟。

3 用勺子轻轻将鸡蛋壳略敲破，再煮 5 分钟，关火。

茶叶蛋卤好后不要着急吃，可在卤汁汤里浸泡半天，更入味。

黑五谷米糊

食材

黑米、黑小米、黑豆各 15 克，黑枣 6 颗。

营养 Tips

黑色食品具有滋养肝肾、健脾和胃、活血明目等功效，久食可延年益寿。

做法

1 准备好食材。

2 黑枣去核。

3 取直饮矿物质水 1000 毫升。

4 将所有食材洗净，放入豆浆机中，加入矿物质水，打成豆浆即可。

画重点

若要节省时间，可以使用豆浆机的预约功能，设定好时间，早上起来就能喝上一杯热豆浆了。

老北京糊塌子 / 虾仁蛋羹 / 五豆豆浆 / 酸甜萝卜

食材

西葫芦 350 克，鸡蛋 2 个，面粉 50 克。

调料

蒜末 10 克，盐 2 克。

营养 Tips

这是最传统的糊塌子的做法，用西葫芦、鸡蛋、面粉摊成，既有蔬菜，又有主食和鸡蛋，营养全面。

画重点

如果用电饼铛，可以摊一个大的，不用翻面烙，3 分钟即可出锅。

做法

1 西葫芦洗净，去子。

2 擦丝后放入大碗中，加入盐、蒜末，打入鸡蛋。

3 放入面粉拌匀。

4 煎锅刷一层油，倒入面糊，小火煎制。

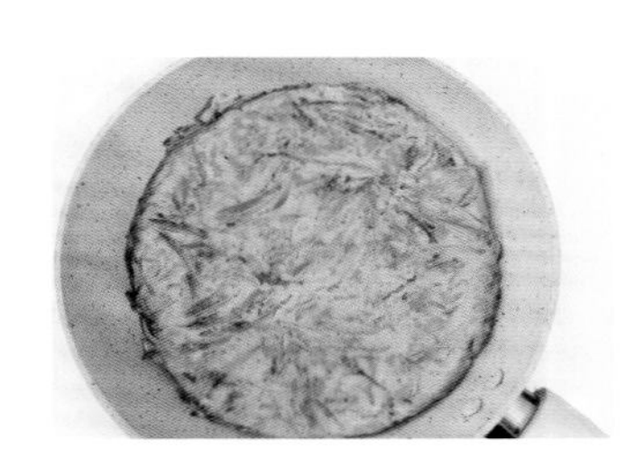

5 煎至两面金黄，盛出切块，装盘。

虾仁蛋羹

食材

鲜虾仁 3 个，鸡蛋 2 个。

调料

生抽、香油各适量。

营养 Tips

早餐最好不要空腹吃蛋，会降低蛋白质的吸收利用率，搭配馒头等主食，更有利于蛋白质的吸收。

做法

1 把鸡蛋打入碗中，加凉白开打散。

2 将蛋液过筛到容器中，撇去表面气泡。

3 盖上盖，或蒙上保鲜膜（ 或扣个盘子），锅中水开后放入蒸锅隔水蒸，先大火再转小火，蒸 10 分钟左右，蒸 5 分钟左右，加入虾仁一起蒸。蒸好后淋上生抽和香油即可。

画重点

1 蛋液中要加凉白开，水和鸡蛋的比例是 2∶1，接着朝一个方向搅拌均匀。

2 蒸的时候先大火再转小火，蒸锅的盖子一定要留缝，开锅后再蒸 10 分钟。

五豆豆浆

食材

黄豆 30 克，黑豆、青豆、花豆、芡实各 10 克 。

调料

蜂蜜或红糖适量。

营养 Tips

黄豆中含异黄酮等多种保健因子，有益气补肾、清除自由基、预防糖尿病等作用。

也可添加红枣、小米、花生等一同打制，打成米糊也很营养。

做法

1 取直饮矿物质水 1000 毫升。

2 将所有食材洗净，放入豆浆机中，加矿物质水，打成豆浆，调入蜂蜜或红糖。

酸甜萝卜

食材

白萝卜 400 克，山楂糕 100 克。

调料

白糖、苹果醋各适量。

营养 Tips

白萝卜具有开胃、助消化、化痰顺气的作用，有助于预防感冒。

做法

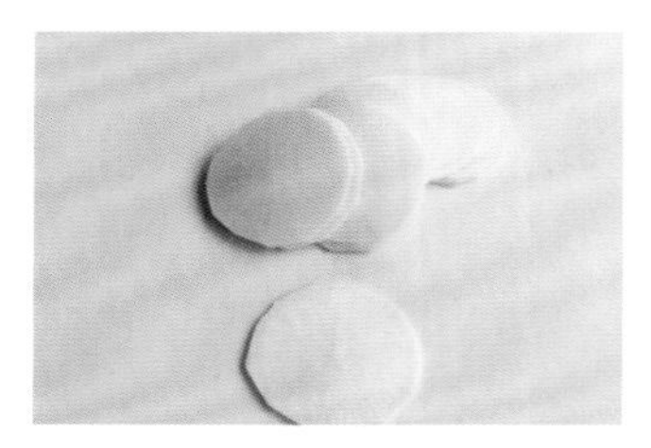

1 白萝卜洗净，切片，用饼干模压成花朵状。

2 山楂糕用饼干模压成花朵状。

3 白萝卜、山楂糕放入大碗中。

4 白糖、苹果醋调成汁，将调好汁倒入碗中，搅拌均匀，腌制 10 分钟即可。

调糖醋汁时，可以先尝一尝味道，依据自己的口味调制。

5 荠菜盒子 / 牡蛎煎蛋 / 椒香包菜 / 山药玉米枸杞糊

食材

荠菜 600 克，面粉 100 克，鸡蛋 2 个。

调料

盐 2 克，十三香粉适量。

营养 Tips

荠菜富含叶酸、胡萝卜素和维生素 C，有清热、明目、促食的作用。

做法

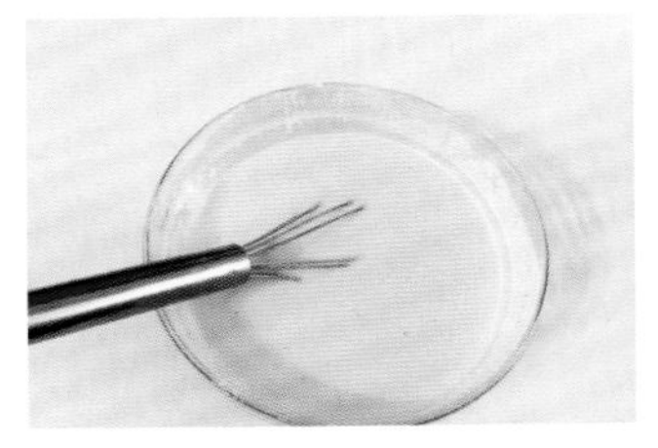

1 取一个碗，放入面粉，加入一个鸡蛋，加入水调成面糊。

2 荠菜择洗净，放入锅中焯水，捞出。

3 挤干水分，切碎，加入盐、油、十三香粉拌匀，制成荠菜馅。

4 电饼铛预热，用适量油抹匀，在锅中间倒入一大勺面糊，用木铲轻轻推开，待饼皮开始凝固，放荠菜馅铺平，打入另一个鸡蛋，不用打散，整个即可。

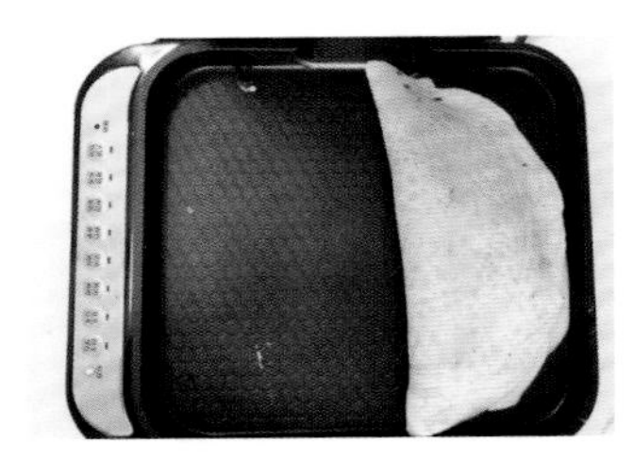

5 快速将另一侧的饼皮盖在荠菜馅上，边缘用木铲压紧，待饼粘好后翻面煎，2 分钟左右即可出锅。

画重点

1 与前面的快速韭菜盒子的做法一样，不用和面，打入的鸡蛋是整个的，这样不容易出汤。

2 用平底锅煎时，一定要用小火。

牡蛎煎蛋

食材

牡蛎肉 300 克，鸡蛋 4 个，韭菜30克，泡发木耳30克。

调料

盐3克，淀粉、料酒各10克。

营养 Tips

牡蛎被称为“海里的牛奶”，富含蛋白质和锌。牡蛎煎蛋口感软嫩，鲜味十足，做法简单又美味。

做法

1 牡蛎肉放入面粉水里轻轻抓洗，再放入盐水中轻轻抓洗一遍，冲洗干净。

2 牡蛎肉放入大碗中，加入切碎的韭菜和木耳，打入鸡蛋。

3 放入淀粉、盐、料酒，搅拌均匀。

4 锅中放油，将牡蛎蛋液倒入锅中，摊平。

5 蛋液凝固后翻面，水汽蒸发殆尽时盛出装盘。

煎蛋液时可放少许水，略焗一下，这样蛋不易焦煳。

椒香包菜

食材

圆白菜 400 克。

调料

干辣椒丝、生抽各 10 克，花椒 3 克，盐 2 克，白糖 5 克。

营养 Tips

圆白菜富含维生素 C 和叶酸，所以，怀孕的妇女及贫血患者应当多吃些圆白菜。

做法

1 圆白菜洗净，用手撕成小片。锅中放入适量清水，水开后放入圆白菜，焯半分钟即可捞出，沥干水分。

2 焯好的圆白菜放入大碗中，放入盐、生抽、白糖。

3 另起油锅，放入适量油，油热后关火，放入花椒、干辣椒丝炸香。

4 将炸好的椒油倒在圆白菜上，拌匀即可。

椒油味道的浓淡取决于花椒的多少，若想让椒油特别一点，可以放些麻椒和花椒一炸。

山药玉米枸杞糊

食材

山药、玉米粒各 50 克，枸杞子 30 克。

调料

蜂蜜或白糖适量。

营养 Tips

山药玉米枸杞糊醇香可口，色泽美观。枸杞子具有增加白细胞活性、促进肝细胞再生的药理作用，还可降血压。山药具有益肾气、健脾胃、止泄痢、化痰涎的作用。

做法

1 山药去皮，切段。

2 取直饮矿物质水 800 毫升。

3 将所有食材放入料理机中，加适量矿物质水。

4 打成细腻的糊后倒入锅中煮熟即可。

这样做比用豆浆机或破壁机直接加热时间要短，也可以用豆浆机或破壁机预约功能来做，更快捷。

图书在版编目（CIP）数据

10分钟营养早餐 / 梅依旧著 . — 北京：中国轻工业出版社，2024.1

ISBN 978-7-5184-2480-1

Ⅰ . ① 1… Ⅱ . ①梅… Ⅲ . ①食谱 Ⅳ . ① TS972.12

中国版本图书馆 CIP 数据核字（2019）第 092739 号

责任编辑：付 佳　　责任终审：劳国强　整体设计：锋尚设计
策划编辑：翟 燕 付 佳　　责任校对：李 靖　责任监印：张京华

出版发行：中国轻工业出版社（北京东长安街6号，邮编：100740）
印　　刷：北京博海升彩色印刷有限公司
经　　销：各地新华书店
版　　次：2024年1月第1版第3次印刷
开　　本：720×1000　1/16　印张：13
字　　数：230千字
书　　号：ISBN 978-7-5184-2480-1　定价：49.80元
邮购电话：010-65241695
发行电话：010-85119835　传真：85113293
网　　址：http://www.chlip.com.cn
Email：club@chlip.com.cn
如发现图书残缺请与我社邮购联系调换
231967S1C103ZBW

LAICA 莱卡净饮机 KE9401W

即热直饮矿物质水

免安装 | 无废水 | 4秒沸腾 | 5档变频控温

LAICA莱卡，始于1974年，在意大利北部维琴察创立，以“家”为出发
专注健康饮水、个人医疗健康产品，拥有超过百项世界专利。

LAICA莱卡净饮机同时荣获两项产品设计界的“奥斯卡”—— 德国红点奖
iF设计奖，以及2019AWE的艾普兰金口碑奖。